软件工程方法与开发新技术研究

韩 珂 著

中国水利水电出版社
www.waterpub.com.cn
·北京·

内 容 提 要

软件工程是计算机科学技术的一门新兴学科，近几十年来快速进入大众视野，软件开发新技术、新方法正在不断地出现，且与我们的日常生活息息相关。

本书以软件生命周期为主线，系统地介绍了软件工程基本知识，结构化分析、结构化设计的软件开发技术，同时介绍了面向对象开发技术，包括面向对象分析、面向对象设计等，最后介绍了通过软件测试、维护和工程管理来保证软件工程质量等内容。

本书既注重科学性和系统性，又很注重实用性、新颖性。在详细论述概念和原理的同时，同时介绍了典型的技术和应用实例，为相关领域研究提供了重要的参考价值，给读者在软件工程相关知识方面提供借鉴。

图书在版编目(CIP)数据

软件工程方法与开发新技术研究 / 韩珂著. —北京：中国水利水电出版社，2018.9 （2024.10重印）

ISBN 978-7-5170-7022-1

Ⅰ. ①软… Ⅱ. ①韩… Ⅲ. ①软件工程 Ⅳ. ①TP311.5

中国版本图书馆 CIP 数据核字(2018)第 238536 号

书　　名	软件工程方法与开发新技术研究 RUANJIAN GONGCHENG FANGFA YU KAIFA XIN JISHU YANJIU
作　　者	韩　珂　著
出版发行	中国水利水电出版社 （北京市海淀区玉渊潭南路 1 号 D 座 100038） 网址：www.waterpub.com.cn E-mail：sales@waterpub.com.cn 电话：(010)68367658(营销中心)
经　　售	北京科水图书销售中心(零售) 电话：(010)88383994、63202643、68545874 全国各地新华书店和相关出版物销售网点
排　　版	北京亚吉飞数码科技有限公司
印　　刷	三河市华晨印务有限公司
规　　格	170mm×240mm　16 开本　17.25 印张　224 千字
版　　次	2019 年 3 月第 1 版　2024 年 10 月第 4 次印刷
印　　数	0001—2000 册
定　　价	88.00 元

前 言

软件工程是计算机科学技术的一门新兴学科，近几十年来快速进入大众视野，软件开发新技术、新方法正在不断地出现，与我们的日常生活息息相关。本书以软件生命周期为主线，系统地介绍了软件工程基本知识，结构化分析、结构化设计的软件开发技术，同时介绍了面向对象开发技术，包括面向对象分析、面向对象设计等，最后介绍了通过软件测试、维护和工程管理来保证软件工程质量等内容。

第1部分为总体概述，分为两章。第一章，主要介绍软件工程起源和概念，软件生命周期及软件开发模型。第二章主要介绍需求分析的任务和步骤、数据流图、数据字典等图形工具以及结构化分析方法。同时穿插介绍了总体设计，主要介绍总体设计任务、软件设计概念和原理、层次图和结构图的图形工具以及结构化设计。详细设计，主要介绍结构化程序设计、过程设计的工具、面向数据结构的设计方法、程序复杂程度的度量以及人机界面设计。

第2部分详细介绍了软件开发方法，分为两章。第三章详细阐述了结构化方法的设计步骤、分析方法和设计流程等相关内容。第四章主要介绍面向对象概念、面向对象方法学优点和面向对象建模(对象模型，动态模型和功能模型)。面向对象分析与设计，介绍面向对象分析过程和面向对象设计建立的子系统。

第3部分介绍软件工程程质量保证与管理、软件测试和软件维护等相关内容，分为三章。第五章主要介绍软件测试概念、分类和基本步骤、黑盒测试、白盒测试、测试用例设计、调试和面向对象测试。第六章主要介绍软件维护的概念、过程、可维护性以及软件再工程。第七章主要介绍软件项目管理、配置管理、质量、风险管理以及人力资源管理。

第4部分介绍软件新技术的相关内容，分为两章。第八章介绍了软件新技术项目管理与计划，对各类风险评估及预防进行了详细介绍。第九章介绍了软件开发的新技术方面的知识。

本书共九章，对软件工程中面向过程、面向对象的开发方法、技术度量、质量保证及软件项目计划与管理等进行了深入介绍。另外，对软件工程的最新进展进行了讨论，着重强调了软件工程方法及开发新技术研究的重要性。本书既注重科学性和系统性，又很注重实用性、新颖性。在详细论述概念和原理的同时，还介绍了典型的技术和应用实例，为相关领域研究提供了重要的参考价值，给读者在软件工程相关知识方面提供了借鉴。

作　者

2018年7月

目　录

第一章 绪 论

自20世纪60年代以来，软件工程随着经济的快速发展已逐步发展成一门重要的学科和专业，与我们日常的生活息息相关，并且形成一个重要的产业——软件产业。本章主要内容包括：软件工程的产生和发展；软件生命周期；典型软件方法；软件开发过程模型与管理。

第一节 软件工程的产生与发展

(一)软件危机

电子计算机自1946年诞生到20世纪60年代中期为计算机发展的早期阶段，该阶段计算机系统还是以硬件为主，软件费用是总费用的20%左右，到了计算机发展中期(20世纪60年代中期到80年代初期)，软件费用迅速上升到总费用的60%，软件不再只是技巧性和高度专业化的神秘机器代码。而到1985年以后，软件费用已上升到80%以上。软件相对硬件的费用比例还在不断提高。

事实上，20世纪60年代中期，随着计算机技术迅速发展和应用领域迅速拓宽，软件需求迅速增长，软件数量急剧膨胀，软件系统空前庞大与复杂。而当时的程序设计与软件开发技术却远远落后于这种发展。人们没有认识到从宏观上对程序设计方法进行研究的重要性，许多人只满足于写出可以运行的程序，而不拘一格或一味炫耀“编程技巧”。因此，许多大型软件常常质量低劣、可靠性不高、可维护性差，却又价格昂贵，供不应求。这种情况严重阻碍了计算机和计算机应用的发展，这一系列严重的问题就是所谓的“软件危机”(Software Crisis)。

为了解决这个问题，程序设计方法学和软件工程学就逐渐形成了。软件工程并不能消除“软件危机”，不同时期有不同的“软件危机”现象，随着软件技术的发展，旧的软件危机得到消除，又会有新的软件危机出现，这就需要研究新的软件工程方法，这使软件工程方法学得到新的发展。下面是目前一些典型“软件危机”的具体表现：

(1)软件开发成本估算和进度安排常常出现重要偏差。

(2)软件开发常常没有依据统一的、科学的开发规范，致使软件的维护非常困难。

(3)软件开发人员与用户完全沟通常常比较困难，用户对“已交付使用”软件不满意现象经常发生。

(4)软件测试与评测技术规范和制度不够健全，软件质量和软件可靠性难以保障。

(5)软件应用的需求飞速增长，软件开发的生产率跟不上硬件发展和计算机应用需要的速度。

(二)程序设计方法学

程序设计方法学是运用数学方法研究程序的性质以及程序设计的理论和方法的一门学科。程序设计方法学经典内容主要包括结构化程序理论、程序的正确性证明、程序形式推导、程序变换技术等。

Floyd 提出的断言方法证明了流程图程序的正确性；Hoare 在 Floyd 断言法基础上提出了程序公理方法；Wirth 提出的“自顶而下逐步求精”对软件工程和程序设计方法学的形成和初期的发展有着深刻的影响。IFIP(国际信息处理协会)成立了“程序设计方法学工作组”——WG2.3，云集了当时许多著名的计算机科学家，专门研究程序设计方法学，这个国际组织对之后的程序设计方法学的发展起了很大的促进作用。

（三）软件工程

“软件工程”（Software Engineering）作为一个术语，是在北大西洋公约组织的一次计算机学术会议上正式提出来的。这个会议专门讨论了软件危机问题。这次会议是软件发展史上一个重要的里程碑。

软件工程学是应用工程的方法和技术，研究软件开发与维护的方法、工具和软年工程管理的一门计算机科学与工程学交叉的学科。

软件工程的基本出发点是以软件生命周期为基础，吸取工程的方法和技术，将软件开发和维护过程规范化、科学化，传统的软件工程技术主要以结构化思想为基础。

（四）软件工程方法学

在初期，程序设计方法学和软件工程是从两种不同的角度和应用不同的方法研究软件开发技术的两种紧密相关、相辅相成又各有侧重的学科。前者是以数学理论为基础的理论性学科，后者是以工程方法为基础的工程学科。

软件工程和程序设计方法学都是研究软件开发和程序设计的学科，它们的研究对象、研究内容、出发点和目标都是一致的。它们的根本目标是以较低的成本开发高质量的软件和程序。主要目的是提高软件的质量与可靠性、提高软件的可维护性、提高软件生产率、降低软件开发成本等。

但是，软件工程学和程序设计方法学研究的途径和侧重点有所差异，主要差异有以下几个。

（1）研究方法和途径不同。软件工程学应用的是工程方法；而程序设计学依据的是数学方法。软件工程学注重工程方法与工具研究；程序设计方法学注重算法与逻辑方法研究。

(2)研究对象侧重不同。软件工程学的对象所指的软件,一般是指“大型程序”,是一个系统;而程序设计方法学的研究对象则侧重于一些较小的具体程序模块,早期的程序设计方法学研究重点是某个单独程序的时空效率,正确性证明等问题。

(3)软件工程学注重“宏观可用性”;程序设计方法学注重“微观正确性”,例如软件工程学研究软件的“可靠性”的方法是“软件测试”,程序设计方法学研究的方法则是程序的“正确性证明”。

随着软件技术的发展,软件工程学和程序设计方法学的研究内容也都在不断发展。研究的内容和方法相互渗透。事实上,人们已经很少,也没有必要区分什么是软件工程学的范畴,什么是程序设计方法学的范畴了,这两条研究途径的界限逐渐地模糊化、一体化了。一方面,程序设计方法学研究已发生了较大的变化,逐渐从“纯粹的程序”正确性证明等较老的课题转向“软件”的结构化、正确性、可靠性及软件设计方法方面的研究。例如,现在程序设计方法学及软件工程学都将面向对象的方法作为其重要的新的研究方向,“程序设计方法学”正逐渐发展成“软件设计方法学”。另一方面,软件工程从一开始就是以程序设计方法学为基础的一门工程学科,而且还在不断吸收程序设计方法学和计算机科学理论新成果和新技术。从某种意义上可以说,软件工程学实际上就是“应用设计方法学”。

所以实际上“软件工程学”或“程序设计方法学”术语都已难以准确表达它们的研究内涵和含义了。也许采用“软件工程与方法学”或“软件方法学”更能概括当前软件工程学和方法学研究的内涵。可以这样描述:软件工程与方法学是指应用计算机科学理论和工程方法相结合的研究方法,研究软件生存周期中的一切活动(包括软件定义、分析、设计、编码、测试与正确性证明、维护与评价等)的方法、工具和管理的学科。软件工程学既强调软件(一般指大型软件)开发的工程特征,又强调软件设计方法论的科学性,先进性。

(五)软件产业化

M. U. Porat 在其研究报告《信息经济》中提出将信息和信息活动从第一、第二和第三产业中分离出来，构成独立的信息产业。在 20 世纪末，信息产业已得到空前发展。软件技术作为信息技术(IT)核心起着举足轻重的作用，软件开发和软件产品销售，软件技术服务已成为信息产业的重要内容，软件生产与销售已步入产业化时期，软件产业作为信息产业的重要组成部分已经形成。

软件产业化对软件工程提出了新的要求，尤其在软件工程管理和软件人才培养方面，其主要表现在如下两个方面：

(1)软件生产(开发)、过程控制、销售、服务(维护)等管理科学化、规范化、标准化，提高软件生产效率，降低软件生产成本。

(2)培养适应软件产业化所需的各类人才。软件的产业化不仅需要大量的软件高级人才，更需要大量的与之适应的软件“蓝领”人员。

近十年来，发达国家甚至一些发展中国家的软件产业都得到迅速发展，特别值得我们借鉴的是印度软件产业的发展。近几年，我国对软件技术、软件产品和软件产业化的发展也已开始投入极大的关注，采取了一系列政策。例如，我国 2001 年在高等学校增设了“软件工程”本科专业，并且在全国批准成立了 35 所示范性软件学院，设立了“软件工程”硕士学位，专门培养“软件工程”所需要的各类人才。至此，“软件工程”已经从一门课程发展成一个“学科专业”。

第二节　软件生命周期

软件生命周期(Software Life Cycle)是软件工程与方法学最基础的概念。软件工程的方法、工具和管理都是以软件生命周期为基础的活动，软件工程强调的是使用软件生命周期方法学和使用成熟的技术和方法来开发软件，本书介绍的结构化与面向对象方法都是以软件生命周期为基本特征的软件开发方法。

软件生命周期的基本思想是：任何一个软件都是从提出开始，经过开发、交付使用，到最终被淘汰为止，有一个存在期；软件生命周期的概念并不是说软件同硬件一样，存在“被用坏”和“老化”问题，而是指其有无存在价值。

人类生命周期划分成若干阶段（如幼年、少年、青年、中年、老年等），类似地，软件生命周期也可以划分成若干阶段，每个阶段有较明显的特征，有相对独立的任务，有其特定的方法和工具。

软件规模、种类、开发方式、开发环境与工具、开发使用的模型和方法都影响软件生命周期阶段的划分。软件生命周期阶段的划分应遵循一条基本原则，即：要使每个阶段的任务尽可能相对独立，同一阶段各项任务的性质应尽可能相同。这样降低每个阶段任务的复杂程度，简化不同阶段之间的联系，有利于软件开发的管理。

目前，软件生命周期的阶段划分有多种方法。一种典型的阶段划分为问题定义、可行性研究、需求分析、概要设计（总体设计）、详细设计、编码与单元测试、综合测试、维护八个阶段。

但是这种软件生命周期的划分只适合于早期“理想的”软件工程项目，在实际软件工程项目中较难操作。我们提出活动时期的软件生命周期划分，将软件生命周期划分成软件定义与计划时期、软件分析时期、软件设计时期、软件实现时期、软件运行与维护时期等五个大的时期。其中软件分析、软件设计和软件实现就是通常所说的“软件开发”，如图 1-1 所示。

（一）软件计划

软件定义与计划简称软件计划，软件定义与计划时期的主要任务包括问题定义、可行性研究、成本估算、软件计划与进度安排等，这个时期的主要任务是确定软件的目标、规模和基本任务、论证项目的可行性、估算软件成本和经费预算、制订软件开发计划和进度表等。软件定义评审通过后,软件项目才真正立项,才能进入软件开发阶段,这个时期可以分为两个阶段:问题定义和可行性研究。

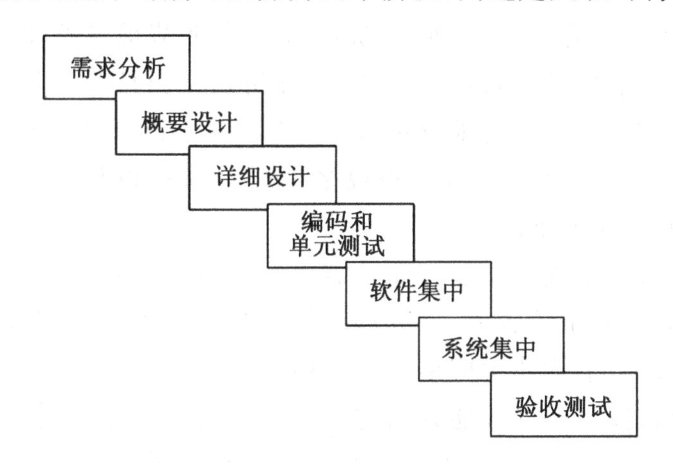

图 1-1 软件开发流程

问题定义是将一个软件构想酝酿形成一个具有明确目标的主题,是软件的起始阶段。问题定义阶段的基本任务是要确定"软件要解决的问题是什么"。

可行性研究阶段就是要回答"所定义的问题有可行的解决办法吗"。因为并不是所有问题都有简单明显的解决办法,事实上,许多问题不能在预定的系统规模之内解决。如果问题没有可行的解,那么花费在这项开发工程上的时间、资源、人力和经费都将是无意义的,所以,在正式实施软件工程之前,必须首先对项目进行可行性论证。

(二)软件分析

软件分析时期的主要任务是需求分析,确定软件的具体功能与性能要求,通常也称为需求分析。软件分析是软件开发最重要的阶段,软件分析的质量好坏直接影响软件功能、性能和软件质量。

需求分析阶段的任务不是具体解决问题,而是准确地确定"为了解决这个问题,目标系统必须做什么"。

可行性研究阶段已初步得出了一些可行的解,但是可行性研究的目标是用较少的成本在较短的时间内确定是否存在可行的解，即便选择了其中一个较好的解决方案，也并没有提出一个具体的解法。因此，可行性研究阶段有许多细节被忽略了，并没有准确回答“系统必须做什么”。需求分析则是具体准确回答“系统必须做什么”。通过需求分析必须将软件功能和性能的总体需求描述成具体的规格说明，这些规格说明是软件设计的基础，需求分析主要描述如下两个方面。

(1)软件系统在功能方面的需求。软件系统的功能是指软件系统所提供的系统服务。一般来说，用户所关心的只是系统最终服务要求，需求描述中应尽量简明扼要。

(2)软件系统在性能方面的需求。软件系统的性能是指系统服务所应遵循的一些约束和限制，主要包括：处理时间约束、存储限制、自助能力、可靠性要求、健壮性要求、外设和通信接口限制等。

Cord 和 Yourdon 将软件分析方法分成四类：功能分解法、数据流法、信息模型法和面向对象法。分别概括如下：

(1)功能分解法＝功能＋子功能＋功能界面。

(2)数据流法＝信息流＋信息转移＋信息存储＋终结符＋小说明＋数据字典(这里信息流含数据流和控制流)。

(3)信息模型法＝对象＋属性＋关系＋超类/子类＋有关对象。

(4)面向对象法＝对象＋分类＋继承＋消息通信。

这四种方法的比较见表 1-1。

表 1-1　四种分析方法的比较

分析方法	过程抽象	数据抽象	封装	分类和继承	构造方法	行为分类
功能分解法	√					
数据流法	√					√
信息模型法				√	√	√
面向对象法	√	√	√	√	√	√

(三)软件设计

软件设计时期的目标是设计软件的结构、算法和实现方案,为软件编码提供设计依据和算法。软件设计是软件生存周期中工作量最大、最关键的时期之一。技术含量较高的部分往往都是在这个时期内解决的(如某些关键算法,关键的数据结构定义等)。它为以后的编码实现做了算法上和结构上的准备。

软件需求分析解决了“系统必须做什么”和“必须具有什么样的功能”,那么软件设计时期就是要解决“如何去完成这些功能”问题。一般地,软件设计又分为两个阶段:概要设计阶段和详细设计阶段。与软件定义和软件分析时期一样,软件设计的阶段划分也要根据具体软件的类型、规模等因素划分成这两个阶段,也可以不细分阶段。

1. 总体设计

总体设计也称概要设计,其基本目的就是回答“概括地说,系统应该如何实现”。总体设计的基本任务是设计软件的总体结构和数据结构。

2. 详细设计

详细设计阶段的主要目标则是明确软件结构中每个单元的精确描述,从而使程序设计人员在编码阶段能够把这些描述直接用某种具体的程序设计语言或工具实现。详细设计并不是具体的编写程序,但是详细设计的结果基本上决定了最终程序代码的质量。衡量程序的质量不仅要看它的逻辑是否正确,性能是否满足要求,更主要的还要看它是否容易阅读和理解,所以,详细设计的目标不仅仅是要逻辑上正确地描述每个单元的实现算法,更重要的是设计出的处理过程尽可能简明易懂。

(四)软件实现

软件实现时期就是用某种(些)编程语言或工具将软件设计方案实现成软件产品,交付用户使用。这个时期的基本任务包括程序实现和测试两个方面,所以也称为软件编码与测试。在这个时期,主要是组织程序员将设计的软件"翻译"成计算机可以正确运行的程序;并且要经过按照软件分析中提出的需求和验收标准进行严格的测试和审查。审查通过后才可以交付使用。

按传统的软件生命周期概念,软件编码与测试时期分为软件编码与单元测试和综合测试两个阶段。在实际软件开发中,也要根据具体软件的规模、性质等具体特征来划分。例如,一些规模较小,由几个甚至一个程序员完成的软件就可以不用细分,而合为一个阶段来安排。这个时期的任务就是将软件设计时期得到的结果转换成计算机可以正确运行的软件产品。

为保证软件的可靠性和程序的正确性,应该采用科学的程序设计方法和技术。编码的具体技术要根据所选择的具体软件开发平台,具体软件实现语言,工具和环境来考虑。编码结束后,还必须对软件和程序进行严格科学的测试。软件测试一般分三个步骤:单元测试、集成测试和验收测试。

(五)软件运行与维护

软件验收测试通过后,就标志着软件设计开发阶段的结束,进入"漫长"的运行与维护时期。这个时期可以简称为软件维护时期。

软件运行与维护时期是软件生命周期的最后一个时期,也是最长的时期,包含软件验收通过后,交付使用,直到最后淘汰之间的所有时间。这个时期的主要任务是软件维护,维护是计算机软件不可忽视的重要特征。维护是软件生命周期中最长,工作量最大,费用最高的一项任务。事实上,软件工程的提出最主要的因素之一就是软件出现了难以维护这种"危机"。

需要说明的是,软件验收测试通过后,只有将软件交付用户使用,才真正标志漫长的维护阶段的开始。

所谓软件交付使用就是新系统和旧系统的转换,旧系统(可能是人工系统,也可能是某个计算机系统)停止使用,新系统发挥作用。软件交付应该是一个过程,而不是一个突然事件。所以,软件的交付使用应该尽可能平稳地过渡,新系统逐步投入运行,安全地取代旧系统。

软件维护可以概括地定义为:软件维护就是软件在交付使用以后,为了改正错误或满足新的需要而修改软件的过程。软件维护时期的主要任务是维护软件的正常运行,不断改进软件的性能和质量,为软件的进一步推广应用和更新换代做积极工作。软件维护所需要的工作量非常大,一般来说,大型软件的维护成本高达开发成本的四倍左右。目前,国外许多软件开发组织把70%以上的工作量用于维护已有的软件上。随着软件产品数量的增多,这个比例还会提高。软件的不断改变是不可避免的,这是软件的基本特征:软件工程学的基本目标就是减少软件维护的工作量。

第三节　典型软件方法

(一)结构化方法

结构化方法(Structure Method)是最早的、最传统的软件开发方法,20世纪60年代初,就提出了用于编写程序的结构化程序设计方法,而后发展到用于设计的结构化设计(SD)方法;用于分析结构化分析(SA)方法;以及结构化分析与设计技术(SADT);面向数据结构的JACKSON方法,WARNIER方法等。常见结构化方法有以下几个:

(1)Yourdon方法,即通常使用的结构化分析与结构化设计(合称结构化分析与设计方法),它适用于一般数据处理系统,是一种较流行的软件开发方法。在实际软件开发中使用的许多方法都是基于结构化分析与设计的改进方法。

(2)JACKSON 方法也是一种适用于一般数据处理系统的结构化方法。

(3)WARNIER 方法,又称逻辑构造程序的方法,简称 LCP,也是一种面向数据结构的方法。

(4) SADT(Structure Analysis and Design Technique)是 D. T. Ross于 1973 年提出来的,后来经过美国 Seffech 公司改进,SADT 以模块图式表示系统构成和系统设计方案,适合于分析和设计大型复杂系统。其基础是自顶向下、模块化、层次化等结构化思想。

结构化方法的基本思想可以概括为:自顶向下、逐步求精;采用模块化技术,分而治之的方法,将系统按功能分解成若干模块;模块内部由顺序、分支、循环基本控制结构组成;应用子程序实现模块化。

结构化方法强调功能抽象和模块性,将问题求解看作是一个处理过程,结构化方法由于采用了模块分解和功能抽象、自顶向下、分而治之的手段,从而可以有效将一个较复杂的系统分成若干易于控制和处理的子系统,子系统又可以分解成更小的子任务,最后的子任务都可以独立编写成子程序模块。这些模块功能相对独立、接口简明、界面清晰、使用和维护起来非常方便。所以,结构化方法是一种非常有用的软件方法,也是其他软件方法学的基础。

但是,由于结构化方法将过程和数据分离为相互独立的实体,程序员在编程时必须要时刻考虑所要处理的数据的格式。对于不同的数据格式做同样的处理或对于相同的数据格式做不同的处理都需要编写不同的程序,所以结构化程序的可重用性不好。另一方面,当数据与过程相互独立时,总存在错误的数据调用正确的程序模块或用正确的数据调用错误的程序模块的可能性。因此,要使数据与程序始终保持相容,已成为程序员一个沉重的负担。以上这些问题,用面向对象方法就可以得到很好的解决。

(二)面向对象方法

面向对象方法(ObJected-Oriented)是当前软件方法学的主要方向,也是目前最有效,最实用和流行的软件开发方法之一。

面向对象(OO)的概念和思想却由来已久:有人认为,可以将Dahl与Nygard在1967年推出的程序设计语言Simula-67作为面向对象的诞生标志。Simula-67首先在程序中引入了对象概念。但是,面向对象真正的第一个里程碑应该是1980年Smalltalk-80的出现,smalltalk-80发展了Simula-67的对象和类的概念,并引入方法、消息、元类及协议等概念,所以有人将smalltalk-80称为第一个面向对象语言。但是最后使面向对象广泛流行的则是面向对象的程序设计语言C++。

面向对象的方法认为:客观世界是由许多各种各样的对象组成的,每个对象都有各自的内部状态和运动规律,不同对象之间的相互作用和联系就构成了各种各样不同的系统,面向对象吸取了结构化的基本思想和主要优点:面向对象方法将数据与操作放在一起,作为一个相互依存,不可分割的整体来处理,面向对象综合了功能抽象和数据抽象,采用数据抽象和信息隐蔽技术,将问题求解看作是一个分类演绎过程。与结构化方法相比,面向对象更接近人们认识事物和解决问题的过程和思维方法。

在计算机行业刚刚兴起的时候,Rentsch就曾预言"20世纪80年代的面向对象程序设计就像20世纪70年代的结构化程序设计一样,每个人都喜欢用它,每个软件商都开发他们的软件支持它,每个管理员都要付出代价应用它,每个程序员都要以不同的方式实践它,但是没有人能讲清楚它"。事实已经证明,20世纪80年代面向对象的研究热潮比20世纪70年代结构化研究热潮有过之而无不及,所以有人称面向对象是"20世纪80年代的结构化"。到20世纪90年代,面向对象的方法和技术已经真正达到了 Rentsch 所预言的那样一种应用情景，而且，人们正在力图较清楚地描述“面向对象到底是什么”。

面向对象与结构化在概念上主要区别如下：

1. 模块与对象

结构化方法中模块是对功能的抽象，每个模块是一个处理单位，它有输入和输出，而面向对象方法的对象也具有模块性，但它是包括数据和操作的整体，是对数据和功能的抽象和统一。所以，可以说对象包含了模块的概念。

2. 过程调用与消息传递

在结构化程序设计中，过程是一个独立实体，明显地为其使用者所见。而在面向对象程序设计中，方法是隶属于对象的，是对象的功能的体现，不能独立存在的实体消息传递机制很自然地与分布式并行程序、多机系统和网络通信模型取得一致。在结构化设计中，同一个实参的调用，其结果是相同的，例如，设 max(x，y)是求 x 和 y 最大值的过程，那么，无论什么时候调用 max(60，100)，其结果都是 100。但在面向对象中的消息传递则不同，同一消息的多次传递可能产生不同的结果。例如，设消息 go：aPoint 一个从发送点到点 aPoint 的一条直线，那么，消息 go：{50，100}发给发送点{50，50}的结果是画一条从坐标点{50，50}到坐标点{50，100}的竖线，而发给发送点{10，100}的结果则是画一条从坐标点{10，100}到坐标点{50，100}的横线。

3. 类型与类

类型与类都是对数据和操作的抽象，即定义了一组具有共同特征的数据和可以作用于其上的一组操作。但是，类型仍然是偏重于操作抽象，类则集成了数据抽象和操作抽象，二者缺一不可。此外，类引入了继承机制，实现了可扩充性。

4. 静态链接与动态链接

在面向对象系统中，通过消息的激活机制，把对象之间的动态链接联系在一起，使整个机体运转起来，实现系统的动态链接。

相对传统的结构化方法来说，面向对象方法具有更多的优势。当然，面向对象并不是十全十美和唯一的软件方法，结构化思想和方法是基础，面向对象是在吸取结构化思想和优点的基础上发展起来的，是对结构化方法的进一步发展和扩充。所以，在实际软件开发中，常常需要综合应用结构化思想和面向对象方法。

第四节 软件开发过程模型与管理

软件开发过程模型确定的是软件开发的宏观过程框架，要保证开发活动的高质量，还必须有相应的软件开发方法作为技术支持。软件开发方法是具体软件开发活动中应用的技术。软件开发过程模型是指开发软件项目的总体过程思路，最传统的软件开发模型是瀑布模型，随着软件工程技术的不断发展，在软件开发实践中，出现了许多新的或改进的软件开发过程模型，较常见的有瀑布模型、原型模型、喷泉模型、螺旋模型等。

(一)瀑布模型

图 1-2 所示是典型的瀑布模型(Waterfall Model)，瀑布模型的主要包括开发和确认两个过程。

(1)开发过程是严格的下导式过程，各阶段间具有顺序性和依赖性，前一阶段的输出是后一阶段的输入，每个阶段工作的完成需要审查确认。

(2)确认过程是严格的追溯式过程，后一阶段出现了问题要通过前一阶段的重新确认来解决。所以问题发现得越晚解决问题的难度就越大。

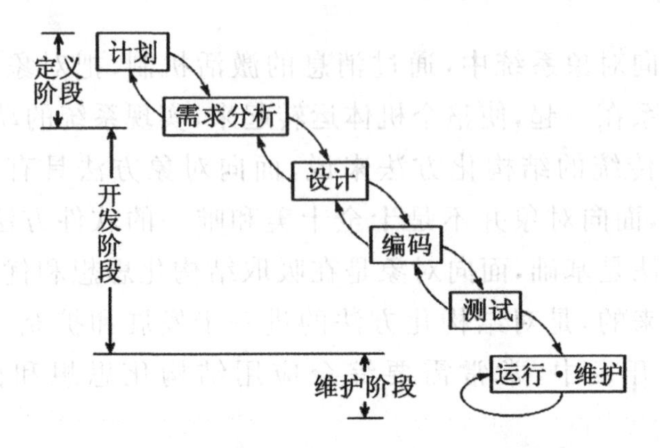

图 1-2 瀑布模型(Waterfall Model)示意图

瀑布模型的主要不足之处是:从认识论角度,人的认识是一个多次反复的过程:实践、认识、再实践、再认识、多次认识、多次飞跃,最后才能获得对客观世界较为正确的认识。软件开发是一项智力认识活动,很难一次彻底完成,往往也需要多次反复实践认识过程,但是,瀑布模型没有反映这种认识过程的反复性。

所以,瀑布模型适合软件需求非常明确、设计方案确定且编码环境熟悉等所有阶段都有较大把握的软件开发活动。

(二)原型模型

原型模型(Prototyping Model)是借助一些软件开发工具或环境尽可能快地构造一个实际系统的简化模型。图 1-3 是一个原型模型。

原型模型的最大特点是:利用原型法技术能够快速实现系统的初步模型,供开发人员和用户进行交流,以便较准确地获得用户的需求;采用逐步求精方法使原型逐步完善,是一种在新的高层次上不断反复推进的过程,它可以大大避免在瀑布模型冗长的开发过程中,看不见产品雏形的现象。

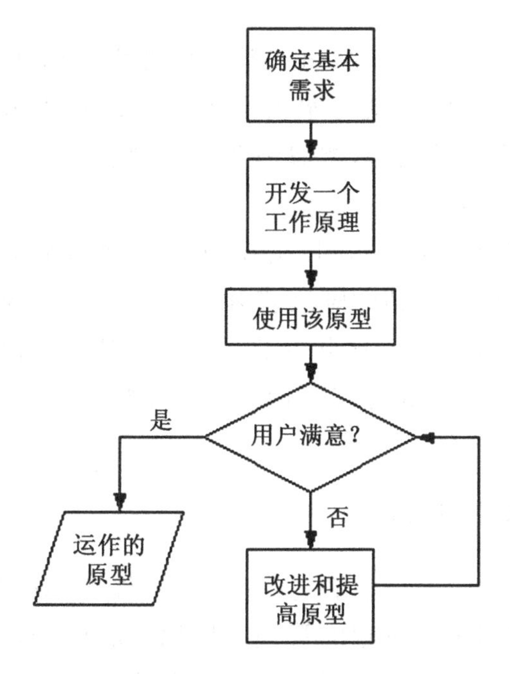

图 1-3 原型模型

相对瀑布模型来说,原型模型更符合人类认识真理的过程和思维活动规律,是目前较流行的一种实用的软件开发方法。但是,采用原型模型也需要满足如下一些条件:

1)首先要有快速建立系统原型模型的软件工具与环境。随着计算机软件飞速发展,这样的软件工具越来越多,特别是一些第四代语言已具备较强的生成原型系统的能力。

2)原型模型适合于那些不能预先确切定义需求的软件开发。

3)原型模型适合于那些项目组成员(包括分析员、设计员、程序员和用户等)不能很好协同配合,相互交流或通信上存在困难的情况。

(三)综合模型

事实上,在实际软件开发时,一般都难以严格拘泥于某种开发模型,而需要根据具体情况综合采用多种策略确定具体可行的开发模型。大多数模型都是基于瀑布模型和原型模型的一种折中和改进。

喷泉模型(Fountain Model)认为软件生命周期的各阶段是相互重叠和多次反复的,就像水喷上去又可以落下来,既可以落在中间,也可以落在最底部,类似一个喷泉,喷泉模型是在面向对象方法中发展而得到的。

螺旋模型(Spiral Model)是在原型模型基础上,引入多次原型反复并增加风险评估的螺旋式开发模型。在原型模型中,由于需要对原型进行多次评价和改进,可能会引入其他风险,诸如计划的调整、需求的增加等,螺旋模型正是为克服这一不足而提出来的。

(四)过程控制与管理

确定了软件开发方法和过程模型,软件实施的最重要问题就是软件生命周期中全过程的管理。所以,软件工程的管理包括软件计划,项目组织,资源分配,软件过程控制,维护活动等软件生存命周期的全部活动的管理。

第五节 小 结

软件从单纯程序设计到系统软件设计,再到应用软件系统设计,发展到今天的软件产业,软件工程已形成一门专业和学科。本章主要介绍了软件工程的产生和发展,介绍软件工程的基本概念和基本内容。

第二章　软件需求分析

需求分析要求详细，准确地搞清楚系统必须“做什么”，是关系到软件开发成败的关键阶段。在需求分析阶段，需要用到各种方法、技术和工具等。通常把一整套需求规格说明的方法、技术、图形工具以及相应的软件工具的集合称为建模方法。要开发高质量的软件，很大程度上取决于对要解决的问题的认识以及如何准确地表达出用户的需求。从而做到对系统有深刻的理解和认识，并将其规范化、理论化，同时起到沟通用户和开发者的作用，为后续工作提供依据。为达到该目的，拟采用各种技术、方法及手段，最终以文档的形式表现出来。本章首先介绍需求分析的一些基本摄念，然后分别对需求获取技术、需求规格说明书、如何进行需求分析以及需求分析方法进行讨论。

第一节　需求分析的任务

为了理解需求分析，必须首先了解需求分析在整个软件开发中的目标是什么。好比写一篇文章，下笔前应该先弄清写这篇文章的目标，然后再确定写作内容。Bertrand Meyer 在他的著作《Object Oriented Software Construction》中总结了系统需求分析的 8 个目标：

A0：决定是否建立一个系统。

A1：理解最终的软件系统应该解决哪些问题。

A2：引出这些问题和系统的一些相关问题。

A3:提供一个与这些问题和系统特征有关的回答问题的基础。

A4:决定系统应该做什么。

A5:决定系统不应该做什么。

A6:确认系统将能够满足用户的需要,并且定义相应的验收标准。

A7:提供一个为系统进行开发的基础。

需求分析的这些目标可由3个子阶段完成,可行性分析主要是完成A0目标,即要决定是否建立一个系统,需求收集主要完成目标A1～A6,目标A7则由需求规格说明完成。

需求分析的任务就是完全弄清用户(顾客)对软件系统的明确要求,用规范的格式表达出来。也可以说,需求分析的任务就是给出一个将要用软件来解决的一个问题的初始定义。

IEEE软件工程标准词汇表(1997)中对需求的描述为:用户解决问题或达到目的所需的条件或权能(capability)。系统或系统部件要满足合同、标准、规范或其他正式规定文档所需具有的条件或权能,一种能反映上面所描述的条件或权能的文档说明。

用规范的格式表达出来的需求说明称之为需求规格说图书,或者简称为“需求说明”。

“需求说明”应该具有确定性和一致性。目为它是连接计划时期和开发时期的桥梁,也是软件设计的依据。任何含混不清,前后矛盾,或者一个微小的错调,都可能导致误解或铸成系统的大错,在纠正时付出巨大的代价。

“需求说明”应该是具有清晰性和没有歧义性。因为它是沟通用户和系统分析员思想的媒介,双方要用它来表达对于需要计算机解决的问题的共同的理解。如果在需求说明中使用了用户不易理解的专门的术语,或用户与分析员对要求的内容可以作出不同的解释,便可能导致系统的失败。

“需求说明”应该直观、易读和易于修改。为此应尽量采用标准的图形,表格和简单的符号来表示,使不熟悉计算机的用户也能一目了然。

软件需求一般包含三个层次——业务需求、用户需求和功能需求，还包括非功能需求。

第二节　需求获取的技术

所谓需求是指用户对软件的功能和性能的要求，就是用户希望软件能做什么事情，完成什么样的功能，达到什么性能。对于软件开发人员来说首先要解决的问题是怎样获取这些需求，并且整理和组织好有关需求文档，以符合行业的规范进行表达。

(一)需求分析人员的组成

由软件开发过程中错误的放大效应可知，最初的错误可能导致最终整个项目的失败。所以，前期的需求工作非常重要，往往不仅仅要满足到技术的要求，还要考虑许多有关政策、法规等因素的影响。所以，一个好的需求分析工作应该由用户和开发方的较高层次的人员共同完成。

一般的做法是系统分析小组由系统分析员作为需求分析的组织参与者，系统分析员应该承担尽可能多的需求分析技术和经验。需求分析工作是否能够顺利地开展，系统分析员负有直接的主要的责任。由系统分析员作为需求分析的组织者，和用户结合起来共同分析软件需求，这样他们就可以发挥他们各自的优势。其中还需要双方各自充分学习对方领域的知识，这一点也很重要。否则，由于他们对对方领域相关知识了解不够，也会造成沟通的困难，难以共同讨论软件需求。在需求分所过程中双方的沟通是最重要的一个因素。

(二)需求的类型

通常需求分为两种类型：一种是功能性需求，一种是非功能性需求，这一点也需要有一种清楚的认识。功能性需求是指需要计算机系统解决的问题，也就是对数据的处理要求，这是一类最主要的需求。非功能性需求是指实际使用环境所要求的需求，往往是一些限制要求，例如：性能要求、可行性要求、安全保密要求等。虽然非功能性需求是一些相对次要的需求，但是也是不可忽略的。

(三)获取需求的途径

总的来说，需求分析小组内的充分交流是获取需求的主要途径。在需求获取过程中有如下一些具体的交流方式：

(1)互相学习：开发方向用户介绍有关计算机的知识，用户代表向开发方介绍软件应用领域的知识。可以采用专题介绍的方式进行。

(2)实地考察：双方互相实地考察，以使各方增加对对方的领域的感性认识。

(3)收集相关资料：双方积极充分地收集有关问题的解决的资料。

(4)语言交流：这是一种最原始的交流方式，也是采用得最多的一种方式，这里要强调的是单纯的语言交流有很多的弊病，语言文字具有二义性，可能会造成双方的曲解。此外，语言也不便于表达复杂的逻辑。

(5)图形表格工具：这是避免语言文字交流的弊病的一个好的方法。

(6)时间表：在需求分析过程中要安排好实施计划。

第三节 需求规格说明书

(一)需求说明的目的

在仔细分析和理解了用户的需求之后，还需要对需求进行清楚的表达，形成规范的需求规格说明书。表达需求的主要目的如下：

（1）为了方便需求分析小组共同讨论软件需求，一种好的清楚的表达方式可以更加进一步地增进对需求的理解。

（2）作为下一步软件设计的基础，在软件开发的其后各个阶段的工作都是以这一阶段的成果和需求规格说明书作为基础的，如果这一阶段的工作没有做好，或者是需求理解的错误，或者是需求表达的不足，都会给其后的工作带来灾难。

（3）作为软件测试的根据，在后面的软件测试阶段，需要测试设计实现的软件是否满足了需求说明书的要求。所以规范的表达需求是必需的，需求分析的双方要学习承担一些清楚规范的表达需求的技术和方式。

（二）需求说明的方法

一般来说，在进行需求说明工作过程中，往往采取自上而下、由粗到细、多次循环、逐步完善的方法。即，我们先在最高层次上表达系统的总体需求，然后，逐步分层次向下进行细化和完善。

在最初的时候，需求是以用户的自然语言（使用正常的句子或词组）来指定的。然而仅使用自然语言来表示需求会产生一些问题。众所周知，自然语言具有二义性，不适合表达一些复杂的数据及其处理规则。就像计算机算法很少使用自然语言来表示那样，通常算法使用形式化的图表和语言来表示，需求也需要一种形式化的没有二义性的表达方式。因此，软件工程师研究了许多定义需求的方法。通常采用形式符号来描述将要建立的系统，用自然语言加以辅助。这种方法的一个优势就是容易开发出一些工具来检查需求规格的完全性和正确性，并更加容易跟踪管理。

一段情况下，采用哪种表达方式是由开发人员选定的，所以开发人员要注意的是，不能只考虑自己的方便，只选用自己熟悉的面向计算机专业的表达方式，而忽略了用户的理解程度。从本质上说，这种表达需求的方式应该是用于描述问题的，而和计算机处理方式没有关系，所以不应选用面向计算机处理的表达方式，因为这种方式用户不易理解和掌握，而且，这种表达方式本身也脱离了需求说明的本意——即对问题本身的需求的分析。在这些形式化的表达方式方法中，最具典型的方法是数据流图和数据词典。

(三)数据流图

数据流图是一种描述软件系统逻辑模型的图形符号，图中描述了数据(信息)在系统中的流动变化情况，这种图形表示既可以从本质上描述计算机软件系统的工作情况，又适合非计算机专业人员学习和掌握，在需求分析中是一种很好的交流和表达工具。

在分析表达数据流图时还应该在概念上特别注意几点：

(1)数据流图只是表达系统中(信息)数据的流动，是一种软件系统信息处理的逻辑模型，在图中不包括任何实际的物理实体。

(2)带箭头的线表示的是数据的流动，而不是实物流或者控制流，和计算机算法描述的流程图中的流程线也是不同的。

(3)在数据流图中没有算法描述中常出现的那种循环和分支，因为数据流图只是在描述要解决的问题本身"是什么"，而不用考虑"怎么做"。

(四)数据词典和加工说明

数据词典是用来描述系统中所涉及的每一个数据，它是一个数据描述的集合，也有人把数据词典称为"数据的数据"，通常和数据流图配合使用，用来描述数据流图中所出现的各种数据和加工，也就是为数据流图中所出现的各种成分编排词典加以进一步说明，也有人将对加工的说明另外组成一个加工说明集合，就又形成了加工说明。

在数据词典中，用数据项、数据流和数据文件来对数据进行描述：

(1)数据项，也称为数据元素，是表达有效信息的最基本单位。

(2)数据流，由相关数据项组成数据流。

(3)数据文件，表示对数据的存储(外部存储器)，由若干数据项按照一定的组织方式组成。

在词典条目中，对每一个数据类型设置了“别名”，因为不同的用户对同一数据可能有不同的称呼，这样同一数据的不同别名在数据词典上得到了统一，通过这种方式实现了准确性和一致性。

(五)需求规格说明书格式

需求分析工作完成的一个基本标志是形成了一份完整、规范的需求规格说明书(需求分析报告)，一般来说，一份完整规范的需求规格说明书应包含下面的一些内容：

(1)引言：对系统进行一些概要的描述。

(2)引用标准：给出本需求规格说明书的有关参考标准。

(3)系统及任务描述：用以描述系统中各种实体及其相应的关系，通常可用实体关系图和层次方框图来描述。

(4)需求规定：对系统的功能、性能、精度以及输入、输出等具体要求作出规定。

(5)数据描述：描述逻辑数据模型，也就是各种数据关系和相应的处理，通常可以使用数据流图，数据词典，加工说明来描述。

(6)功能描述：用以描述要解决的各种问题。

(7)性能描述：描述系统性能方面的内容。

(8)质量保证：描述系统各部分要求达到的质量标准。

(9)其他描述：其他的一些补充内容。

(10)签字认证：用户和开发人员双方签字认证。

第四节　需求分析的过程

(一)抽取现实问题的本质

需求分析的过程可以说是一个对具体问题的反复理解和抽象的过程。理解就是对现实问题的理解,要弄清楚究竟需要解决什么问题。抽象就是除去问题的表面,提取问题的本质,建立问题的逻辑模型,以便于以后阶段的系统的设计实现。

在现实环境中人们有很多针对数据的加工处理方法,计算机软件的功能是对数据(信息的表达)的加工(信息的处理),计算机能解决和数据加工、处理有关的问题。由于现实环境中人们对数据的加工处理方法和在计算机系统中对数据的加工处理方法在形式上是不同的,所以就有一个数据和对数据的加工处理方法在形式上进行转换的问题,要从一种形式转换为另一种形式。要抽取现实问题的本质,然后以抽取的现实问题的本质作为基础,设计一种可以由计算机来实现和处理的方法,只有这样才能保证两种不同的处理形式表达的是同一个处理内容。所以需求分析的实质就是要分析现实问题中有什么数据,需要怎样加工处理,并且抽象出“数据结构”本质——逻辑模型。

(二)改进和优化

通常的做法是通过对现实环境的调查研究,获得要解决的问题的一个当前系统的具体模型(系统流程图),然后去掉具体模型中的非本质因素抽象出当前系统的逻辑模型(数据流程图),由于在现实环境中对问题的解决方式和在计算机系统中对问题的解决方式的不同,有些内容在现实环境中可以实现而在目前的计算机环境中不可能实现,或者,有些有益的内容在现实环境中不能实现而在计算机系统中可以方便地实现,所以需要不断地对现有的逻辑模型进行改进和优化，最后得到目标系统的逻辑模型。

（三）需求分析的验证

需求分析过程中除了上述工作外，还有一个重要的内容就是要反复验证需求分析过程中所得出需求的正确性。需求不仅描述了进出系统的信息流和系统所进行的数据转换，而且也描述了对系统运行所施加的限制。因此，需求分析通常有三个目标。首先，是表明了系统开发人员对用户系统需求的理解；其次，告诉设计开发人员所开发的系统所具备的功能和特点；最后，告诉测试人员怎样验证以使用户确信所交付的系统的确是要求的系统。

需求分析的结果是否正确是非常重要的，为确保系统分析员和用户之间都能正确理解需求，通常要在下面几个方面验证：

(1)需求是正确的吗？开发人员和用户都应复查它们，以确保它们将用户的需要充分，正确地表达了出来。

(2)需求是一致的吗？有没有任何冲突或含糊的需求。例如，一条需求说明项下可能有 20 名使用者，这就造成了需求的不一致性。如果两条需求不能同时满足，则说二者是不一致的。

(3)需求是完全的吗？如果所有可能的状态、状态变化、转入、产品和约束都在需求中作了描述，那么说这个需求集合是完全的。

(4)需求是实际可行的吗？系统真的能做顾客所请求做的事吗？例如，假定一个系统要求用户存取位于千里之外的主计算机数据，并且对远程用户的响应时间要和对本地用户的响应时间相同。这种需求就有可能是不实际的，因为通信线路上的传输需要时间。

(5)每一条需求所描述的事物是顾容需要的吗？我们应该通过复查需求来确定哪些需求直接与顾客的问题有关。

(6)需求是可检验的吗？我们必须能写出测试用例来验证是

否满足了需求。

(7)需求是可跟踪的吗？每一系统功能都能被跟踪到要求它的需求集合吗？容易找到处理一个系统特定方面的需求集合吗？

利用上面提到的内容仔细审查(复审)每个可能的需求模型进行完善和补充。

最后按照约定的格式写出规范完整的需求说明书。

作为需求分析阶段最后一项工作，也是常常被忽略但却是重要的一项工作，就是双方或者三方的复审后的签字，作为软件开发合同的组成内容，签字后，如果在后续的开发过程中要更改，双方要重新协商，达成协议后再更改。

人们在软件的开发实践中逐步总结和发明了一些完成需求分析过程的方法，这些方法的目标是共同的，但是在具体的做法上各有不同，也各有优缺点，在实际中我们可以仿照实施，但是也不必拘泥于方法本身，要结合具体问题的特点，适当选择不同的需求分析方法，或者是需求分析方法中的有关步骤。经过开发人员多年的实践逐步总结出了一些有效的方法，比较著名的有结构化软件需求分析方法、原型化需求分析方法，还有面向对象的需求分析方法等，在下面的章节中，将陆续选取介绍。

第五节　结构化需求分析方法

结构化需求分析方法是一种面向数据流的自顶向下，逐步求精的分析方法，“结构化就是使用DFD、DD、结构化英语、判定表和判定树等工具，来建立一种新的，被称为结构化说明书的目标文档”，上面的结构化说明书也就是需求规格说明书，也有人称之为软件需求说明书。

这种需求分析方法，把目光集中在针对数据流的分析上，分析初始有哪些数据，对这些数据又经过了哪些加工，加工后又变为什么数据流，最近又得到什么样的结果数据流。这种分析方法抓住了信息处理的本质——数据及其处理，通过这样的分析可以将要解决的问题清清楚楚地展现出来。结构化需求分析方法主要由三个步骤组成。

（一）画分层数据流图

一个较为复杂的软件系统，往往包含了成百上千的数据和加工，很难一次就把它们完全弄清楚。画分层数据流图使用了人们通常处理复杂问题的一种方法，就是“自顶向下，逐步细化”，其核心就是逐步分解，先把系统看成是一个整体，然后从系统的顶层开始逐层分解，每做一次分解，系统的加工数量就会增加，同时加工的内容也逐步具体简单，直到所有的加工都足够简单为止。

例如，有这样一个问题：在要建立的学生管理系统中，由学管科负责录入、修改、删除学生信息（学号、姓名）；体检科负责录入学生健康信息（学号、健康情况），其中健康状况分为优、良、一般、差；学籍科负责录入学生成绩。学生处领导可随时查询学生各类健康状况的百分比，平均成绩以及不及格的人数。

（二）确定数据定义和加工策略

数据流图描述了系统中数据的流动和变化，在得到了数据流动和变化图后，需要确定每一个数据流和变化（加工）的细节，也就是数据词典和加工（说明），这是一个很重要的步骤，是软件开发后续阶段的工作的基础。

（三）需求分析的复审

需求分析说明书完成后，应由用户和开发人员共同复审，复审小组对需求分析说明书的各个部分逐个进行认真的审查，确认文档所描述的系统模型符合用户的需求，复审结束后双方签字确认。

第六节 原型化需求分析方法

当系统分析员与用户一同确定需求时，有时他们也不确定真正需要什么。系统分析员可能会写出一个用户想看到的东西的清单，但他并不能肯定该清单是否包含了用户的所有需求。在一些情况下，用户直接涉及分析和设计过程，因而我们能提供可用选项，当用户对选项作了反应时，我们再修改需求，在别的情况下，用户知道需求什么，但我们不能确定顾客的问题是否有一个灵活的解决方案。有两种原型化方法：进化原型和抛弃原型。进化原型开发出来用于了解问题，并形成被交付软件的部分或全部的基础。例如，如果顾客不能确定系统想要何种用户界面，你可建几个进化原型，一旦顾客选定一种，那么这个原型便可开发成实际界面并与产品其余部分一同交付。抛弃原型指的是这样一种软件，开发出来以更多地了解问题或探究可能的方案的灵活性或合理性。一个抛弃原型是一个尝试性软件，并不用于被交付软件的实际部分。

两种技术有时被称作“快速原型法”，因为他们建立起目标的一部分以确定需求的必要性、合理性和灵活性。在快速原型法中，在设计建立前各种选择已被评估，快速原型的目的是帮助我们理解需求，决定一个最终设计。快速原型法和最终软件产品的最大的区别是快速原型法开发出的原型只考虑系统的功能需求，而较少考虑系统的非功能性需求，只强调实现，而较少考虑完善。

第七节 小 结

需求分析阶段是软件产品生存命期中的一个重要的阶段，其根本任务是确定用户对软件系统的需求结构化分析方法是以数据流图、数据词典和加工说明等描述手段为工具，用直观的图表和简洁的语言来描述软件系统模型。在分析过程中，DFD、DD和IPO图是系统分析员用以分析的工具。在分析结束后，它们又相互补充组成需求规格说明书，成为需求分析阶段的结果文档。抽象与分解，是结构化分析的指导思想。通过由顶向下，逐步细化得出的一组分层DFD图，是在不同的抽象级别上对系统所作的描述。分层扩展可以使问题的复杂性变得容易控制使系统分析员不致在初期突然面临一大堆细节问题，有助于抓住问题的核心。

第三章　结构化方法

结构化方法(Structure Method)是最早最传统的软件开发方法。从20世纪60年代初提出的结构化程序设计方法,到20世纪70～80年代结构化分析(SA)和结构化设计(SD)方法,一直到现在,结构化仍然是软件工程的基础工具和方法。本章介绍结构化的基本概念、方法和工具。主要有以下内容。

(1)结构化程序的基本概念和形式化定义。

(2)结构化分析与设计的步骤。

(3)结构化分析的基本方法:数据流技术。

(4)结构化设计的基本工具和面向数据流的设计方法。

(5)一种面向数据结构的设计技术Jackson方法。

(6)模块的基本概念和模型优化技术。

第一节　结构化程序

(一)结构化程序设计相关概念

提到结构化程序设计就不能不提GOTO语句,因为GOTO语句是破坏结构化原则(如单入口单出口)最根本的因素。Dijkstra在其短文《GOTO Statement considered harmful》中提出:"GOTO语句太原始,是构成程序混乱的祸根,应该从所有高级语言中消失。"这一观点立刻得到许多人的支持。但是,也有一部分人认为GOTO语句简单明白,在有些情况下,确实需要GOTO语句以提高效率。自此，关于GOTO的争论拉开了序幕，一直到20世纪以后才逐渐平息下来，D. E. Knuth给GOTO语句的争论作了全面公正的评述，已得到了普遍认同。关于GOTO的争论实质上是关于要好的结构还是要高的效率的问题。

其基本观点是：对GOTO在功能上仍然保留，但严格限制其使用范围（特别是对往回跳的GOTO语句）；在硬件技术迅速发展和机器成本大幅度下降的今天，除了系统核心程序部分以及一些特殊要求的程序以外，在一般情况下，宁可降低一些效率，也要保证程序有一个好的结构。结构程序设计的概念最早是由E. W. DUkstra提出来的，它是详细设计的逻辑基础。

E. W. DUkstra在1965年的一次学术会议上指出“可以从高级语言中取消GOTO语句”，“程序的质量与程序中所包含的GOTO语句的数量成反比”。1966年Bohm和Jacopini首先证明了只用三种基本的控制结构就能够实现任何单入口单出口的程序。这三种基本的控制结构是“顺序”，“选择”和“循环”。Bohm和Jacopini的这一证明给结构程序设计奠定了理论基础。IBM公司的Mills在1971年进一步提出“程序应该只有一个入口和一个出口”，从而补充了结构程序的规则。

那么，什么是结构程序设计呢？目前还没有一个精确的并为所有人普遍接受的定义，软件工程方法与管理一个比较流行的定义是：结构程序设计是一种程序设计技术，它采用自顶向下逐步求精的设计方法和单入口单出口的控制结构。

（二）控制结构

首先我们定义一种流程图来描述程序控制结构和指令执行情况。流程图程序是一种有向图，通常由下面三种节点组成。

1. 函数节点

如果一个节点有一个入口线和一个出口线，则称为函数节点。如图3-1(a)所示。F是函数节点的名字。由于函数节点一般对应于赋值语句，所以F也表示了这一个节点对应的函数关系。

2. 谓词节点

如果一个节点有一个入口线和两个出口线，且它不改变程序的数据项的值，则称为谓词节点。如图3-1(b)所示。其中，P是一个谓词，根据P的逻辑值(T或F)，节点有不同的出口。

3. 汇点

如一个节点有两个入口线和一个出口线，则它不执行任何运算，则称为汇点，如图3-1(c)所示。由多个入口线汇集到一点的情形可以用多个汇点的联结表示，如图3-1(d)所示。

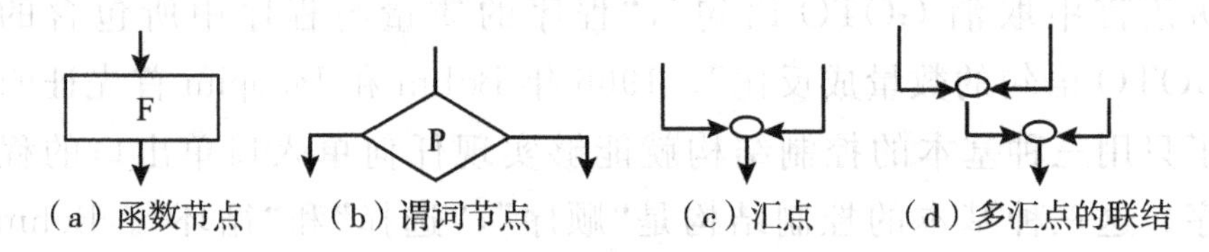

(a) 函数节点　(b) 谓词节点　(c) 汇点　(d) 多汇点的联结

图3-1　函数节点

现在，我们给出结构程序设计的三种基本控制结构“顺序”，“选择”(分支)和“循环”的流程图程序表示，如图3-2所示。

图3-2(a)顺序结构相当于：a，b。

图3-2(b)分支结构相当于：IF exp THEN a ELSE b ENDIF。

图3-2(c)循环结构相当于：WHILE exp DO a。

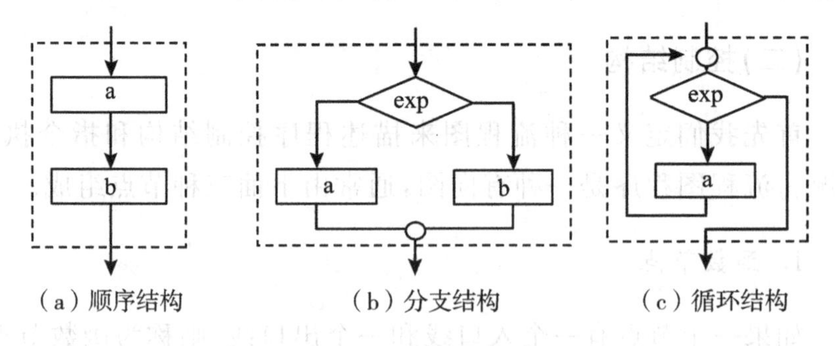

(a) 顺序结构　(b) 分支结构　(c) 循环结构

图3-2　流程图程序

为实际使用方便，通常还扩充两种控制结构：多分支结构和UNTIL结构。其结构图如图3-3所示。

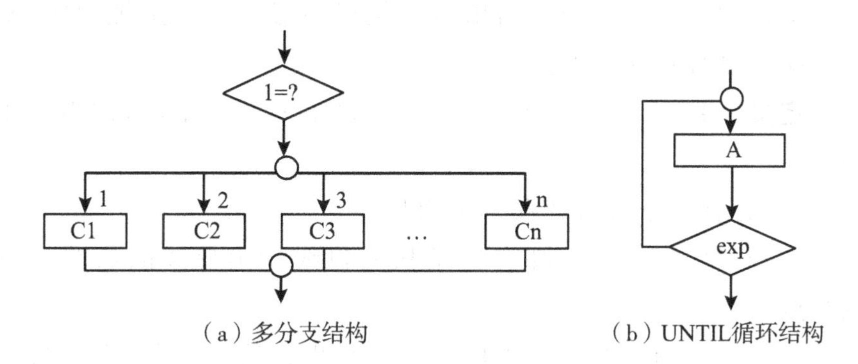

（a）多分支结构　　（b）UNTIL循环结构

图3-3　结构图

图3-3(a)多分支结构相当于：

```
CASE  i  of
        i=1:  C1
        i=2:  C2
        i=3:  C3
        i=n:  Cn
```

它是由分支结构和顺序结构扩充而成的，等价于：

```
IF  i=1  THEN  C1
         ELSE  IF  i=2  THEN  C2
                            ELSE
                             ……
                                IF  i=n  THEN  Cn。
                                ENDIF
               ENDIF
ENDIF
```

图3-3(b)UNTIL循环结构是WHILE循环的扩充结构，语句形式相当于：

```
REPEAT  a  UNTIL exp
```

(三)结构化程序形式定义

结构化程序形式定义给出结构化程序形式定义正规程序,基本程序和复合程序的概念。

定义 3-1:一个流程图程序如果满足下面两个条件,称为正规程序。

(1)具有一个入口线和一个出口线。

(2)对每一个节点,都有一条从入口线到出口线的通路通过该节点。

由于正规程序有一个入口线和一个出口线,因而一个正规程序总可以抽象为一个函数节点。这个函数节点概括了该正规程序对数据进行的运算和测试的总作用。

定义 3-2:如果一个正规程序的某部分仍然是正规程序,那么称其为该正规程序的正规子程序。

为了定义基本程序,我们先定义一个新概念:封闭结构。

定义 3-3:流程图程序中两个节点之间所有通路的节点组成的结构称为封闭结构。事实上,这里所谓的封闭结构是有分支或循环判断所引起的无向环。

定义 3-4:一个正规程序,如果满足如下两个条件,则称之为基本程序。

(1)不包括多于一个节点的正规真子程序,即是一种不可再分解的正规程序。

(2)如果存在封闭结构,封闭结构也是正规程序。

定义 3-5:用以构造程序的基本程序的集合称为基集合,

例如,可以选下列集合作为基集合:{序列,if-then-else,while do}或{序列,if-then-else,repeat-until}等。

定义 3-6:如果一个基本程序的函数节点用另一个基本函数程序替换,产生的新的正规程序称为复合程序。

复合程序的规模可以很大,也可以很小,其复杂程度依赖于所使用的基集合。

例如，基集合{序列，if-then-else}产生一个无循环的程序类。

无论复合程序复杂与否，由于它是由一些基本程序构成，因而不论从总体上看，还是从每个组成部分来看，都满足“一个入口，一个出口”的原则。这样的程序就是通常所说的好结构程序，或结构化程序。

定义 3-7：由基本程序的一个固定的基集合构造出的复合程序称为结构化程序。

（四）结构化定理

前面已经指出，任意正规程序都可以用序列、条件和循环这三种基本控制结构表示出来。本节将通过结构化定理严格地证明这一结论，为了介绍这一定理，先引入程序函数和程序等价性概念。

定义 3-8：已知一正规程序 P，对于每个初始数据状态 X，若程序是终止的，那么有确定的最终状态 Y，如果对于每个给定的 X，值 Y 是唯一的，那么所有的有序对集合{(X,Y)}就定义了一个函数，称之为程序 P 的程序函数，记为{P}。

例 3-1 程序 P 为：

$t:=x;x:=y;y:=t$

那么，对于任意给定的初始数据状态 $X:(x,y,t)$，P 的最终数据状态将为 $Y:(y,x,x)$。因而，程序函数[P]为：

$\{((x,y,t),(y,x,x))\}$

例如，{((1,2,3),(2,1,1)},{((3,2,1),(2,3,3))}等都是函数[P]的有序对。

（五）非结构化程序转换到结构化程序的方法

上一节给出了将任意正规程序转换成结构化程序的一种转换算法，其目的是证明结构化定理。对一个具体程序来说，这种方法并不是唯一的方法，所得到的结构化程序也不一定是最好的。下面以几个例子说明从非结构化程序转化成结构化程序的一般方法。

(1)应用结构化定理证明过程

例 3-2 图 3-4 的流程图程序是一个非结构化程序。

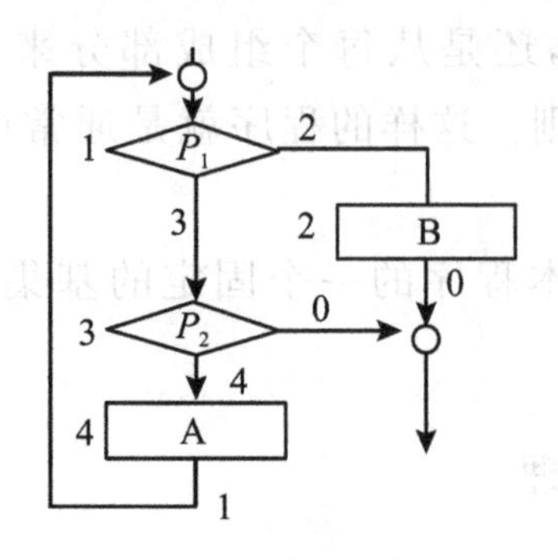

图 3-4 非结构化程序

(2)其他方法

例 3-3 图 3-5(a)是一个非结构化流程图程序。因为它的两个选择结构出现重合,造成了程序段 D 有两个入口,一个出口,破坏了单入口单出口这项结构化原则,最终必须用 GOTO 语句才能实现。

图 3-5(b)是改进后的结构化程序,它将程序段 D 在两处重写一次。如果 D 是一个不大的程序段,这样改进还是有效的;但是,如果 D 是一个很大的程序段,这样改进就不一定理想,可以考虑使用子程序或其他方法。需要说明的是,按照上述方法转换生成的结构化程序,不一定保证完全程序等价。

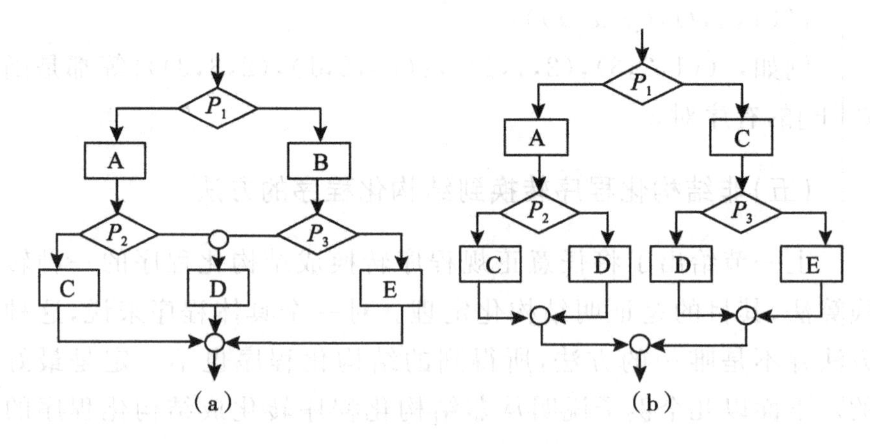

图 3-5 非结构化流程图程序

第二节　结构化分析与设计的一般步骤

结构化分析与设计是结构化方法开发软件最关键阶段。其主要任务是分析软件的功能、性能、目标和规模等需求，定义软件的逻辑模型；设计软件的模块结构和数据文件等；给出模块说明和主要算法；为以后的编码实现做了算法上和结构上的准备。

在结构化方法的软件生命周期内，软件分析与设计的基本阶段可以划分为需求分析、概要设计和详细设计三个阶段。

需求分析的结构化方法核心技术是数据流技术。分析过程是以数据流为驱动，分析系统的信息流向，信息类型，流量，所需处理功能和性能，推导出系统的逻辑结构。具体体现为需求分析文档，规格说明书，数据流图，数据字典等。

1)需求规格说明书从总体上概括软件的目标，所需功能和性能。需求规格说明书应按一定格式编写。例如：GB/T 8567—2006要求软件需求说明书的内容主要包括引言(编写目的、背景、定义、参考资料等)、任务概述(目标、用户特点、假定与约束等)、需求规定(对功能的规定、对性能的规定、输入输出要求、数据处理能力、数据管理能力、故障处理能力及其他专门要求等)、运行环境规定等。

2)数据流图与数据字典是结构化需求分析的核心，它们具体反映软件各种需求和关联。数据流图从宏观上勾画软件的信息流向、信息存储要求、数据处理功能等；数据字典是对数据流图的详细说明。数据流图和数据字典为结构化设计提供了必要基础，下一节将详细介绍数据流图和数据字典，讨论数据流分析方法。

结构化概要设计是以模块化技术为基础的软件设计方法，其主要任务是在结构化需求分析的基础上建立软件的总体结构，设计具体的数据结构。基本方法是从数据流图出发推导出软件的模块结构图，从数据字典推导出模块基本要求，数据存储要求，数据结构及数据文件等。

3)结构化详细设计。结构化详细设计是对概要设计进一步细化,其目标是为软件结构图中每个模块提供可供程序员编程实现的具体算法。

第三节 结构化分析

(一)数据流分析

结构化分析(Structured Analysis,SA)由美国 Yourdon 在 20 世纪 70 年代提出,是一种简明实用且已广泛使用的方法,适用于分析大型数据处理系统,特别是管理信息系统。其核心是数据流技术。

数据流分析(Data Flow Analysis,DFA)方法源于结构化分析(SA),是一种以数据流技术为基础的,自顶向下、逐步求精的软件分析方法。通常所说的"结构化分析"就是"数据流分析"。

数据流分析的核心特征是"分解"与"抽象",例如,在图 3-6 中,假设系统 H 很复杂,为了理解它,可以将它分解成 1,2,3 三个子系统,如果子系统仍然比较复杂,还可以再分解它……如此下去,直到每个子系统足够简单,能清楚地被理解和表达为止。

从图中可以看到"分解"和"抽象"是两个相互有机联系的概念:下层是上层的分解,上层是下层的抽象。这种层次分解使我们不至于一下子考虑过多细节,而是逐步地去了解更多的细节。

例如,在如图 3-6 所示数据流 SA 分析示意图中的顶层,不考虑任何细节,只考虑系统对外部的输入和输出,然后一层层了解系统内部的情况。

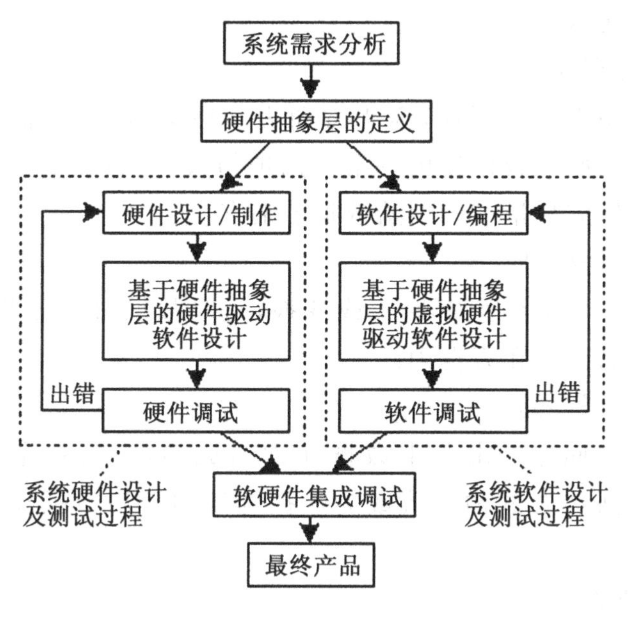

图 3-6　抽象系统

对于任何复杂的系统，分析工作都可以按照这种方式有计划地进行。对大小规模不同的系统只是分解的层次不同而已。

结构化方法是可行性研究和需求分析最传统，也是非常有效的方法，在结构化方法中，采用数据流图（DFD）来建立系统的逻辑模型，用数据字典（DD）对数据进行说明，用数据处理（DP）及一些逻辑表达方式（也称为小说明）对数据处理过程进行描述。下面将介绍这些基本方法和工具。

（二）数据流图

数据流图（Data Flow Diagram，DFD）是结构化分析的最基本的工具，数据流图描述的是系统的逻辑模型，图中没有任何具体的物理元素，只是描绘信息在系统中的流动和处理情况。因为数据流图是逻辑系统的图形表示，非计算机专业的人员也能理解，所以是极好的通信工具。数据流图主要有四种基本元素：数据流（Data Flow）、数据处理（Process）、数据存储（Data Store）和外部实体（External Entity）。具体软件研究开发机构可以根据需要增加辅助性元素。

(1)数据流

用箭头表示数据流,箭头方向表示数据流向,数据流名标在数据流线上面。数据流由一组数据项组成,在数据流图中只有其名称,所以,应尽量准确地给数据流命名。

(2)数据处理

数据处理也称逻辑加工或变换,是对数据进行处理的单元。数据处理名称写在方框内。

(3)数据存储

数据存储也是由若干数据元素组成的,它为数据处理提供数据处理所需要的输入流或为数据处理的输出数据流提供储存"仓库"。

(4)外部实体

是系统之外的实体,可以是人、物或其他软件系统。对系统提供数据流的外部实体称数据源点,接收系统输出数据流的外部实体称数据终点,源点和终点可以是同一外部实体。源点和终点是为了帮助理解系统接口界面而引入的,一般不需要进一步描述它们。

本书主要采用第一种方法表示数据流图,由于它用圆圈表示数据处理,整幅图看起来就好像有许多水泡泡,所以也称泡泡图(Bubble Chart)。它的特点是符号简单,使用方便,可以不考虑布局。

如图 3-7 所示是一个 DFD 泡泡图实例。

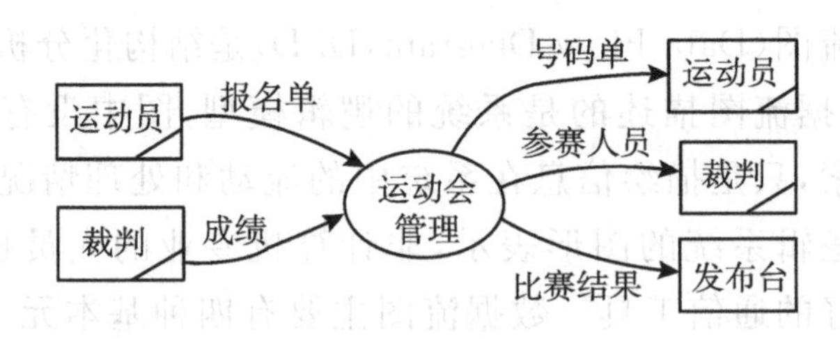

图 3-7　一个 DFD 泡泡图实例

为了表达更复杂的数据流关系，在数据流图中还可以引入逻辑符号，如“与”“或”“异或”等。

（三）数据字典

数据处理流图抽象地反映了系统的全貌，它将各种信息流之间错综复杂的联系有机地统一在一张图上。但是为了更准确地反映数据流图上元素的具体含义，还应对数据流图中的三个基本元素：数据流、数据存储和数据处理进一步描述。数据字典（Data Dictionary，DD）就是用来对数据流图中出现的所有名字（数据流，数据存储和数据处理）进行定义，是对数据流图必要的补充。数据流图和数据字典是需求规格说明书的主要组成部分。只有同时有数据流图和数据字典才算完整地描述一个系统。

一般来说，数据字典应对下列四类元素的定义组成：数据流、数据存储、数据处理流分量（数据元素）、数据处理及加工。数据流和数据存储都有一定的数据结构，数据结构由不同的数据元素组成。数据元素是最小数据单位，它们的关系如图 3-8 所示。

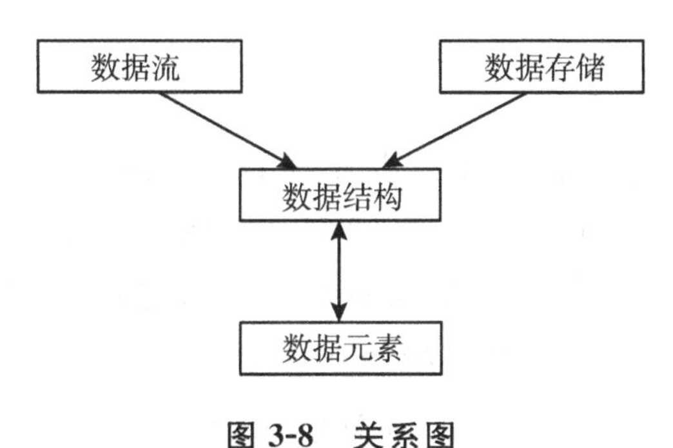

图 3-8　关系图

1. 数据流字典

数据流字典一般包含如下内容：

（1）数据流编号。数据流编号是数据流的唯一标示。一般用字母或数字组成，而且要遵照一定的编码规则。

（2）数据流名称。数据流图中的名称，一般遵照用户的习惯，采用容易理解，有一定的含义的名称。

(3)简述。数据流的简要描述性说明,一般采用用户容易理解的,通俗的自然语言(汉语,英语等)描述。

(4)数据流来源。数据流来源发出数据流的数据处理名或外部实体名。

(5)数据流去处。数据流去处接收数据流的数据处理名或外部实体名。

(6)数据流的组成。数据流的组成元素集合。它是数据流最核心的内容。这些数据元素的表示方式下节将讨论。

(7)流通量。流通量表示数据流在单位时间内的流量,是一个可选项,对将来的数据库设计或变量设计等有意义。

(8)峰值。峰值表示数据流在单位时间内某段高峰时刻的流量,也是一个可选项。

它的来源是外部实体“乘客”,接收数据流的是数据加工“预订机票”。数据流“订票单”包括订单编号、日期、乘客、航班。状态,试销日期等数据元素。这些数据元素是将来设计数据变量或数据库的重要依据。

2. 数据元素字典

数据元素是不能再进一步分解的数据组成的基本项。但这也是相对概念,不同情况有不同理解。例如通常情况下,日期是一个数据元素,但若需要单独对年、月、日进行处理时,日期是组项,它由年、月、日三个基本项组成。

数据元素字典的基本内容有:数据元素编号、名称及其含义;数据类型和长度;合理取值;其他有用内容,如业务量,与其他数据的逻辑关系等。在数据流字典,数据存储字典和数据结构字典中数据一般都是由多个基本项数据组成,为了更好地表示这些数据项的关系,在给出数据定义时,需要使用一些简单符号,例如:

=:表示“等价于”“定义为”

+:表示“与”。

|与·:表示“或”。

<>:表示重复。

():表示可选项。

例如,通信录包括若干同学地址,每个通信地址又包括“姓名”,“地址”,“电话”等数据项。那么,它们可以定义如下:

通信录={通信地址}

通信地址=姓名十邮编[省|直辖市|自治区]+[市|县]+街道+门牌号+(电话)

又如,发票由1～5个发票行组成,每个发票行又由货名,数量,单位,单价,总价组成,那么,发票表示如下:

发票=发票号码+户名+{货名+数量+单位+单价+总价}+合计

3. 数据处理字典

数据处理字典主要内容如下:

1)数据处理编号及名称。

2)简单描述。

3)输入/输出。

4)功能描述。

5)有关数据存储等。

数据处理的功能描述还可以用一些逻辑表达工具来辅助说明,如结构化语言、判断表、判断树等,将在下一小节介绍。

4. 数据存储与数据结构字典

数据存储是指系统应该保存的数据结构以及具体数据内容。数据存储字典和数据结构字典与数据流有些类似,它主要包含数据存储编号及名称、数据存储的组成及其他要求。

5. 数据字典的实现

数据字典应遵循如下原则:

1)通过名字能方便地查询数据定义。

2)没有冗余。

3)尽量不重复在规格说明书中其他组成部分中已出现的信息。

4)容易更新和修改。

5)能单独处理描述每个数据元素的信息。

6)定义的书写方法简单方便而且严格。

7)应建立有关字典分类索引表,如处理逻辑名称索引表,数据项索引表等。

此外,最好带有产生交叉参照表、错误检测、一致性校验等功能。实现方法有三种:全人工过程、全自动化过程和混合过程。由于数据字典往往比较庞大,用人工来编制比较单调乏味且很花费时间,所以,最好利用计算机来辅助编写字典,并建立数据字典管理程序,以方便字典编写,更新和查询使用等。

(四)逻辑分析工具

在数据字典的数据处理字典中定义和说明了各种处理,并用文字对处理作出了概括描述。对于某些处理功能,用文字说明存在许多含糊不清之处,前面提到数据处理的功能描述可以借助一些逻辑表示工具,常用的逻辑表达工具有结构化语言、判断表、判断树等。

1. 结构化语言

结构化语言是介于自然语言和形式化语言之间的一种类自然语言,结构化语言语法结构包括内外两层。外层语法具有较固定的格式,设定一组符号如 IF、THEN、ELSE、DOWHILE…ENDWHILE、DO、CASE…ENDCASE 等,用于描述顺序,选择和重复的控制结构;内部语法则比较灵活,可以使用数据字典中定义过的词汇,易于理解的一些名词,运算符和关系符。

用结构化语言描述的处理功能结构清晰,简明易懂。下面是一个行李托运收费功能描述的例子，用户要求的自然语言(中文)含义为：

例 3-4　如果行李不超过 30 千克，那么可以免费托运；如果行李超过 30 千克，那么，对头等仓乘客超过部分每千克收费 4 元，对普通仓乘客超重部分每千克收费 6 元；如果乘客是残疾人，那么减半收费。

上述需求用结构化语言表示如下：

```
IF   行李重量 W<=30 千克
        免交托运费
    ELSE
        IF   是头等舱乘客
            IF 是残疾乘客
               托运费=(W-30)*2
    ELSE
               托运费=(W-30)*4
    ENDIF
ELSE
    IF   是残疾乘客
               托运费=(W-30)*3
    ELSE
               托运费=(W-30)*6
    ENDIF
  ENDIF
ENDIF
```

2. 判定树

当处理逻辑中含太多判定条件及其组合时，用判定树和判定表描述会比较方便、直观。

上例若用判定树描述，如图 3-9 所示。

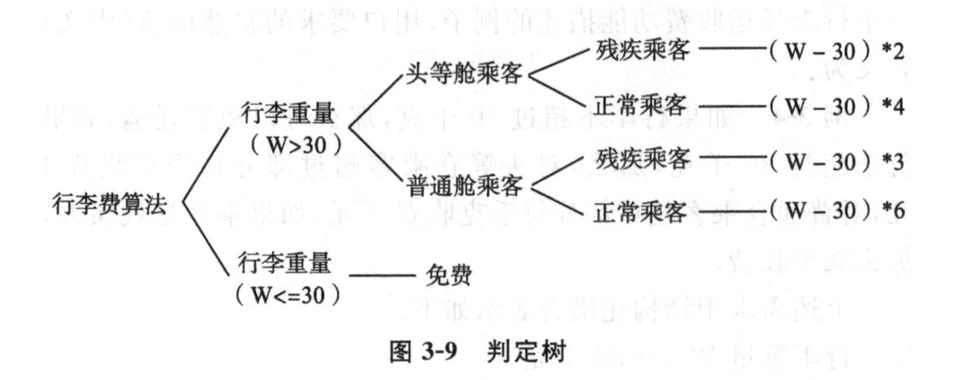

图 3-9　判定树

3. 判定表

判定表是判定树的表格形式，包含三部分：条件组合、条件和行动。条件组合栏包括所有条件的组合形式。

第四节　结构化设计的图表工具

软件概要设计的核心是确定软件的总体结构：软件的总体结构实质上就是表现软件的模块结构和模块之间的关系，本节介绍表示软件的模块结构和模块之间关系的图形工具：层次图、结构图、顶层 IPO 图 HIPO 图及模块 IPO 图等。

详细设计工具是描述程序处理过程的工具，可以分成图、表、语言三类：判定表、判定树、HIPO 图等也可以在详细设计中用来描述处理逻辑，本节介绍流程图、盒图、PAD 图和 PDL 语言。

(一) IPO 图

IPO(Input-Process-Output)图起源于美国 IBM 公司提出的 HIPO(Hierarchy Plus Input/Process/Output)图，是一种反映系统输入、处理和输出等的图形方式，是系统分析和设计常用的图形工具。

IPO 图一般被描述成由总体 IPO 图、HIPO 图和详细 IPO 图三种图组成一个概念，本书所谓的 HIPO 是特指一种描述模块结构的层次图形工具，是一种具体的层次图，总体 IPO 图也称顶层 IPO 图，详细 IPO 图也称模块 IPO 图。

1. 顶层 IPO 图

顶层 IPO 图(Top IPO，简称 TIPO)是用来描述某个程序(系统)的总体输入、输出和处理情况图表。从顶层 IPO 图，可以对该系统的输入、输出和处理一目了然。

2. 层次图

层次图是软件分析与设计常见的图形工具，层次图是用一种层次结构描述系统中各个组成部分的关系，在软件设计中，层次图的每个单元表示一个模块，层次关系表示模块的调用关系。为了更好地表示层次图中各单元及其关系，通常还对层次图中单元加上反映层次关系的编号。图 3-10 为数字处理软件的层次图。

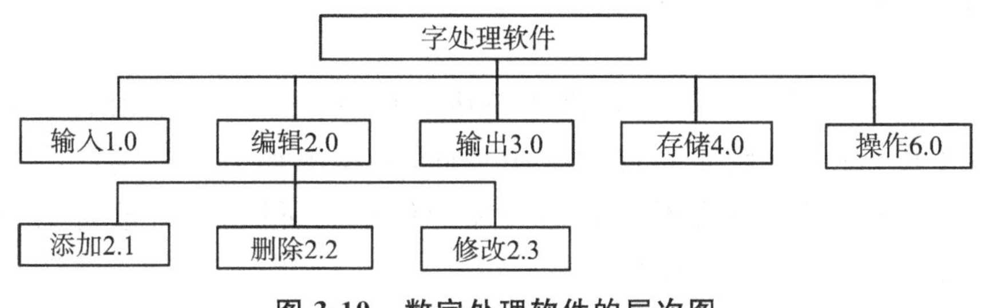

图 3-10　数字处理软件的层次图

3. 模块 IPO 图

HIPO 图既反映了软件的总体结构，又反映了软件系统各个模块之间的关系；所以 HIPO 图是软件设计中非常重要的图形工具。但是在 HIPO 图中每个模块只有名称，按照软件设计的目标，还必须有模块详细描述。模块 IPO(简称 MIPO)图就是这样一种图形工具。

最初的详细 IPO 图画法与顶层 IPO 图很类似，有些画法加上数据存储部分。图 3-11 就是一种画法例子。

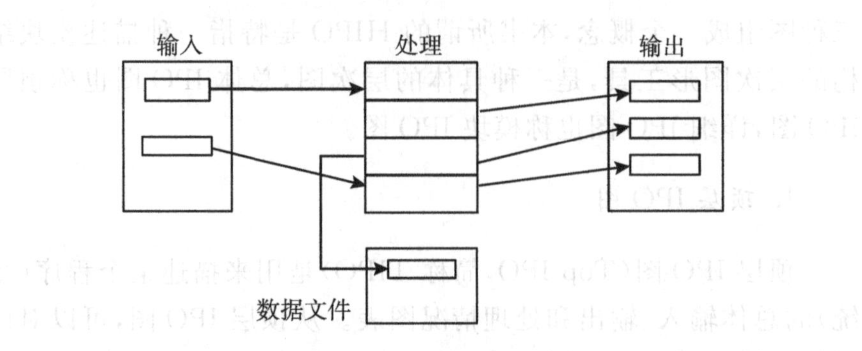

图 3-11　一种画法例子

但是，这种传统的 IPO 图存在一些不足，主要表现在以下两个方面。

(1)在内容上

表现在反映的信息量不够。模块的详细说明主要内容包括输入、输出和处理及数据文件，但是还有许多信息也是不可缺少的，如该模块的调用关系、模块的别名、模块所在的系统或子系统名、模块的设计者等信息。

(2)在形式上

这种图形方式不适合描述模块的信息。一个系统由若干模块组成，每个模块简易程度有所不同，采用图形方式不易统一格式。另外，图形方式不易表达增加的信息。所以，一种改进的方法是用表格方式代替图形方式。

(二)结构图

结构图是 Yourdon 提出的一种软件设计图形工具。结构图与 HIPO 图很相似，它也是一种描述软件结构的层次图。与传统的 HIPO 图所不同的是，在结构图中，增加了一些表示模块控制关系和信息传递的符号。

如图 3-12 所示是一个结构图例子，图中 a、b、c、d 是系统中模块之间传递的信息，分别表示原始输入，编辑后的输入，最优解，格式后的解，箭头表示传递方向。

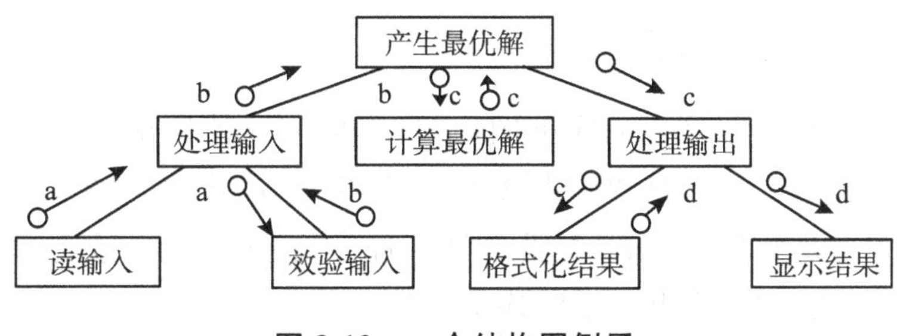

图 3-12 一个结构图例子

如图 3-12 所示，为了表达模块之间更复杂的关系，结构图中还增加判断和循环符号。

图 3-13 是含有判断的结构图。图中表示 A 模块首先调用 B 模块，然后根据判断条件，或者调用 C 模块，或者调用 D 模块。这里，a 是模块 A 调用模块 B 时向模块 B 传递的数据信息，而 b 是模块 B 返回给模块 A 的信息，该信息具有控制作用，它的结果决定模块 A 下一步将调用哪个模块。

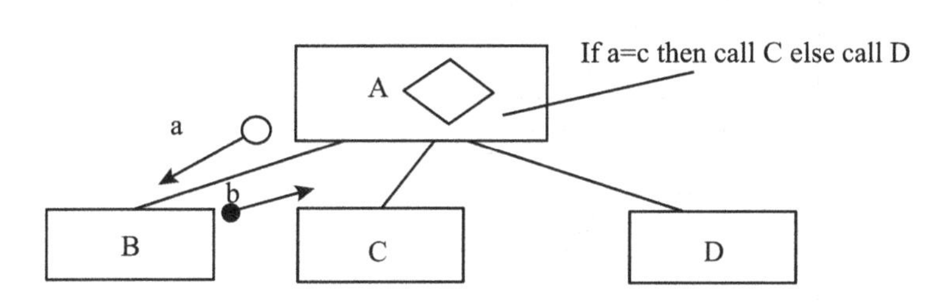

图 3-13 含有判断的结构图

图 3-14 是含有循环的结构图。图中表示 A 模块根据循环条件，循环调用 B 模块，C 模块和 D 模块。

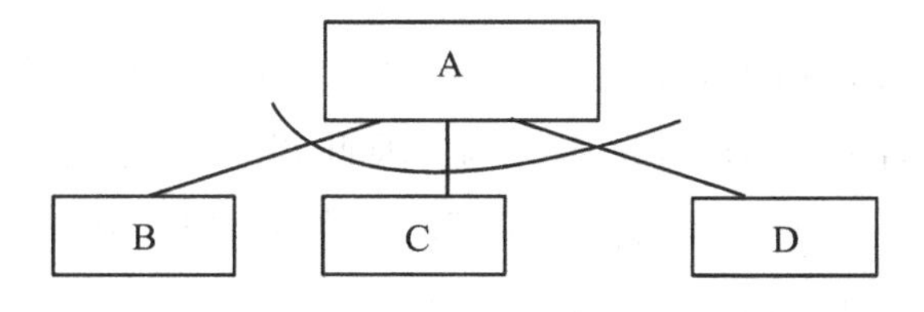

图 3-14 含有循环的结构图

(三)程序流程图

程序流程图又称程序框图,它是历史悠久使用最广泛的描述软件设计的方法。从 20 世纪 40 年代末到 70 年代中期,程序流程图一直是软件设计的主要工具。程序流程图的符号这里就不罗列了,图 3-15 给出一个程序流程图示例。

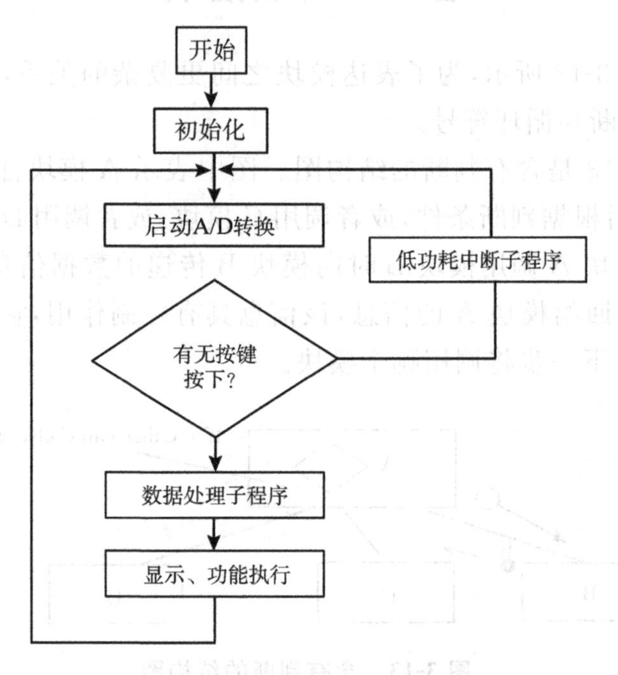

图 3-15　一个程序流程图示例

程序流程图的优点是对控制流程的描绘很直观,便于初学者掌握,但是,程序流程图存在以下几个主要缺点:

(1)程序流程图并不是一种结构化设计工具。程序流程图中的箭头代表控制流而不是数据流,因此设计者不受任何约束,可以完全不顾结构程序设计原则,随意转移控制,用它设计出来的程序很可能是非结构化的程序流程。

(2)程序流程图本质上不是逐步求精的好工具,它诱导程序员过早地考虑程序的控制流程,而不去考虑程序的全局结构。

(3)程序流程图不易表示数据结构。

尽管程序流程图存在这些缺点,许多人建议停止使用它,但是由于程序流程图历史悠久,易于掌握,所以至今仍然在广泛使用着。不过,总的来说趋势是越来越多的人不再使用程序流程图了。

(四)盒图

盒图最初由 Nassi 和 Shneiderman 提出,并经 Chapin 扩充,所以又称 N-S 图或 Chapin 图。盒图较彻底地解决了程序结构化问题,在盒图中取消了控制流线和箭头,因而完全排除了因随意使用控制转移对程序质量造成的影响。

盒图提供的基本结构及其表示方法如图 3-16 所示,它分别对应图结构程序设计的两种基本控制结构和两种扩充结构。

图 3-16(a)表示顺序执行 P_1、P_2 和 P_3。

图 3-16(b)是分支结构,表示当表达式 exp 为真时执行 P_1,否则执行 P_2。

图 3-16(c)表示 WHILE 循环程序结构,表示当表达式 exp 为真时执行"循环体",直到 exp 为假时跳出循环。

图 3-16(d)表示多重分支程序结构。

图 3-16(e)表示 UNTIL 循环程序结构。

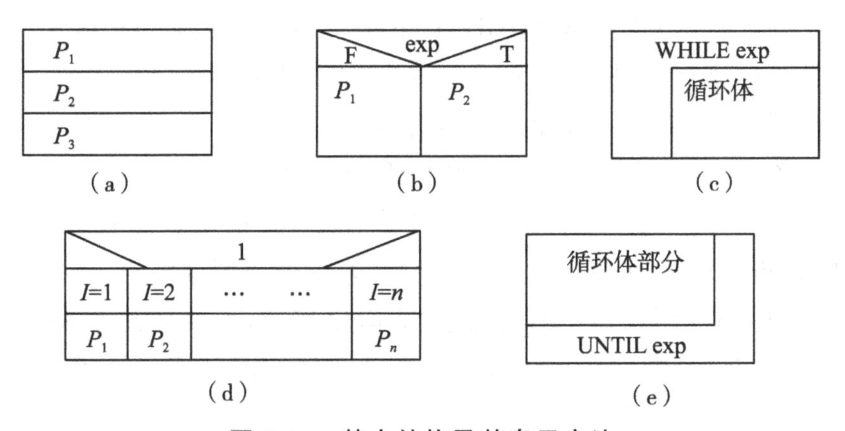

图 3-16 基本结构及其表示方法

使用盒图进行设计的方法是：从图形外层结构开始，逐步向内层扩展，若内层的空间太小，不能继续往内扩展，可以在该盒子相应功能区域给出一个椭圆标记，然后另画一个子盒图。

盒图主要特点如下：

(1)功能域明确，一眼就能看出。

(2)很容易确定局部数据和全局数据的作用域。

(3)很容易表现嵌套关系和模块的层次结构。

(4)限定程序结构中不能有任何转向。

(五)PAD 图

PAD(Problem Analysis Diagram)图是问题分析图的简称。PAD 图由日本学者二村良彦等人提出，日立公司从 1973 年使用以来已得到一定程度的推广。PAD 图从流程图演化而来，它把程序控制流结构表示成二维的图形，程序结构清晰，便于进行结构化程序设计。图 3-17 是五种基本控制结构和扩充结构的 PAD 图表示方法：

图 3-17(a)表示顺序执行 P_1 和 P_2。

图 3-17(b)是分支结构，表示当表达式 exp 为真时执行 P_1，否则执行 P_2。

图 3-17(c)表示 WHILE 循环程序结构，表示当表达式 exp 为真时执行“循环体”，直到 exp 为假时跳出循环。

图 3-17(d)表示多重分支程序结构。

图 3-17(e)表示 UNTIL 循环程序结构。

同样，PAD 图也可以用定义“子程序”表达复杂的程序结构。例如，图 3-17(a)中的 P2 定义为图 3-17(b)的子程序结构。

用 PAD 图设计的程序也是结构化程序，而且它还克服了盒图功能域过窄的问题，概括起来，PAD 图有以下几个主要优点：

(1)使用 PAD 图设计的程序一定是结构化程序。

(2)PAD 图的符号支持自顶向下，逐步求精方法。PAD 图层次清晰。图中最左面的竖线是程序的主线，表示第一层结构。随着程序层的增加,PAD图逐渐向右延伸,每增加一个层次,图形向右扩展一条竖线。PAD图中竖线的条数就是程序的层次数。

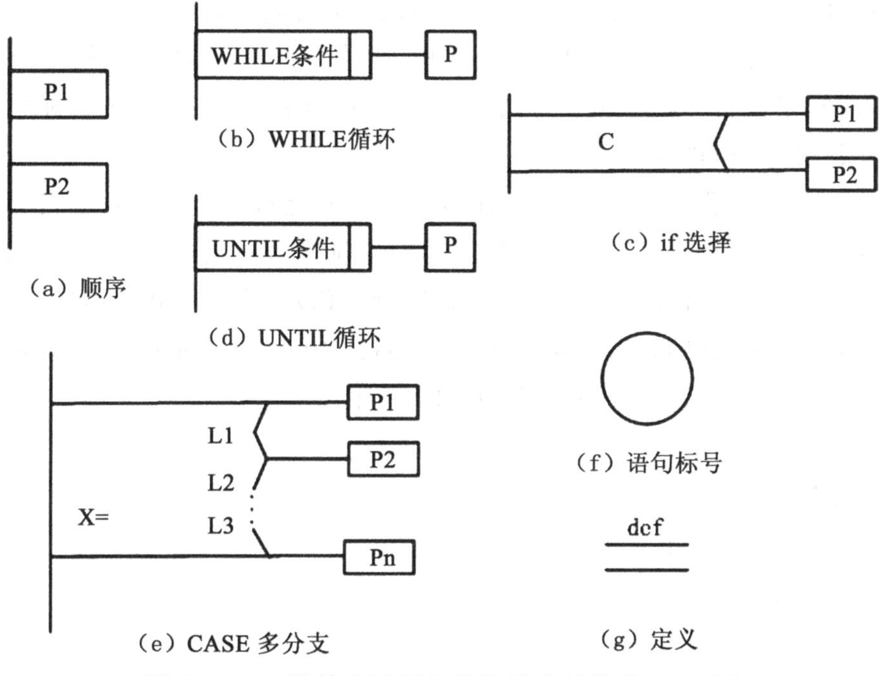

图3-17　五种基本控制结构和扩充结构的PAD图

(3)用PAD图表现的程序是一种二维树形结构的图形,程序的执行是从最左竖线的最上端节点开始,自上而下,从左到右遍历所有节点。逻辑性强,易读易懂易记。

(4)PAD图是面向高级程序设计语言的,为FORTRAN、COBOL和PASCAL等高级语言都提供了一套相应的图形符号,每种控制语句都有一个图形符号与之对应。所以很容易将PAD图转换成高级语言源程序,这种转换可以用软件工具自动完成。这是PAD图最大的特点和优越之处。

(六)过程设计语言PDL

PDL(Procedure Design Language)是过程设计语言的简称,又称为伪码。PDL是一个笼统的概念,现在有许多不同的过程语言在使用。

PDL包含两个方面：一方面，PDL有种严格的关键字外部语法，用来定义控制结构和数据结构。另一方面，PDL表示实际操作和条件的内部语法却是灵活自由的，以便适应各种工程项目的需要。因此，一般来说PDL是一种“混杂”语言，它使用一种语言（通常是某种自然语言）的词汇，同时却使用另一种语言（某种程序设计语言）的语法。

与实际程序设计语言相比，PDL是不能被编译的，但是它却非常灵活方便。所以，PDL非常流行。前面已经指出GOTO语句是造成非结构化的根本原因。如果伪码（PDL）中不引进GOTO语句，严格使用结构化控制的“语句”，那么PDL所表示的程序就是结构化的。下面是一个伪码（PDL）程序。

```
START
  BEGIN
    WHILE  L
    IF  A>0
        THEN AI
        ELSE A2
    ENDIF
    S1
    IF B>0
        THEN Bl
              IF C>0
                  THEN Cl
                  ELSE C2
              ENDIF
        ELSE B2
    ENDIF
        S3
  ENDWHILE
STOP
```

第五节 面向数据流的设计

结构化设计(Structured Design,SD)方法是美国 IBM 公司的 L. Constantine,E. Yourdon 等人首先提出的,是目前使用最广的一种设计方法,也是最基础的软件设计方法。通常所说的结构化设计是一种面向数据流设计(Data Flow-Oriented Design, DFOD),是与数据流分析(DFA)对应的软件设计技术。数据流分析得到用数据流图和数据字典描述的需求规格说明书,面向数据流的设计得到的则是以数据流图为基础导出的软件模块结构图。

(一)变换流与事务流

简单来说,面向数据流的设计方法就是把需求分析阶段所得到的数据流图映射成软件结构。数据流的类型决定了映射的方法。数据流可以分成两种类型:变换型数据流和事务型数据流。

1. 变换流

具有较明确的输入、变换(或称主加工)和输出界面的数据流图称为变换型数据流图。也就是说,这类数据流图可以明显地分成输入、主加工和输出三个部分。主加工是系统的中心,称为“变换中心”。如图 3-18 所示是变换型数据流图示意图。图 3-19 所示是一个简单的变换型数据流图例子。

2. 事务流

数据流图的基本模型都可以看作变换流型。但是,当数据流图具有与图 3-19 类似的形式时,则应将其看成是“以事务为中心”的一种特殊的数据流图,并称之为事务型数据流图。换句话说,事务型数据流图中存在某个加工，它将其输入分离成若干发散的数据流，形成许多活动路径，并根据输入的值选择其中一条路径。这个加工被称为事务中心。

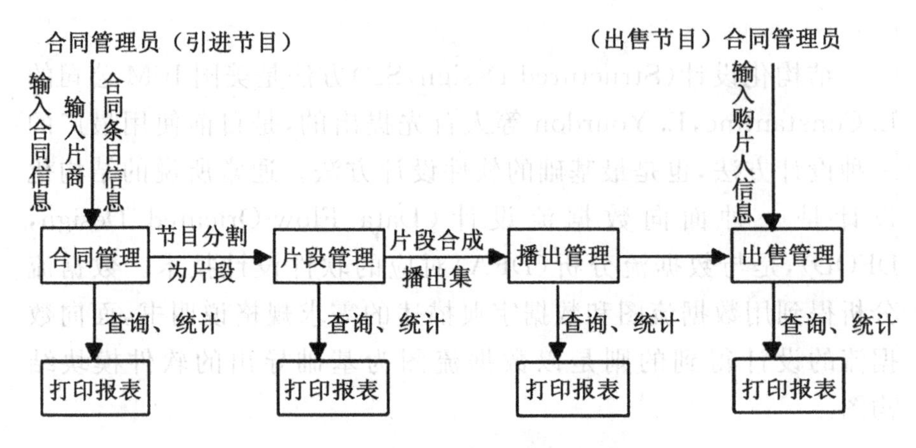

图 3-18 变换型数据流图示意图

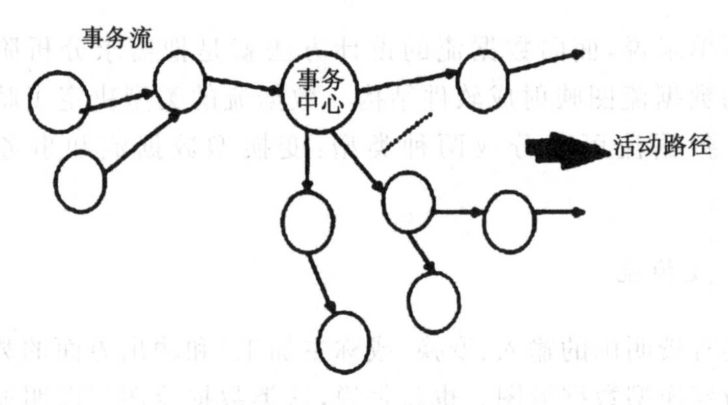

图 3-19 数据流图

图 3-20 所示是一个简单事务数据流例子。

(二)设计步骤

面向数据流设计的根本任务就是将软件需求分析阶段的“成果”数据流图转化成软件总体设计的结果模块结构图。其基本步骤如下。

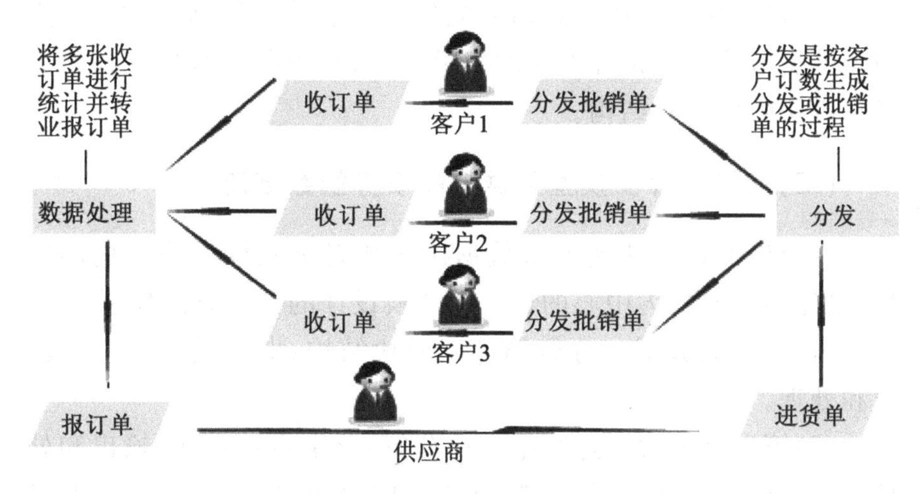

图 3-20　一个简单的事务数据流例子

为保证系统的正确性，对数据流图再进行一次复查是必要的。在开始阶段的任何遗漏都可能会给以后的阶段带来严重的后果。经验丰富的设计人员，可以对数据流图进一步精化，使软件结构设计更为顺利，质量更好。但是求精过程一定要保证数据流图的正确性。

(1)确定数据处理流图的类型，确定变换中心或事务中心。这是关键的步骤，变换中心或事务中心划分是否正确关系到整个系统模块结构的合理性。对一个具体的软件系统，往往都有非常复杂和庞大的数据流图，有时变换中心或事务中心并非清晰，需要软件分析和设计人员根据经验确定。

(2)将数据流图映射成软件模块结构图。一般包括两级分解。一级是总控结构，设计出总体输入控制，输出控制和处理控制(或调动数据处理分支)；第二级设计出具体的输入、输出和处理模块结构。这一步骤完成了从数据流图到模块结构图的“转换”。

(3)运用模块设计和优化准则优化软件结构。实践证明，通过上面步骤得到的模块结构图是非常初步的结果，要设计合理的软件模块结构，还必须进行模块优化处理。

(4)描述模块的接口。面向数据流图设计软件结构过程。变换型数据流按变换设计方法映射模块结构,事务型数据流按事务设计方法映射软件结构。

(三)变换设计变换型数据流图事务型数据流图

变换设计就是从变换型数据流图映射出软件模块结构的过程,也称为以变换为中心的设计。变换设计的基本方法如下:

(1)第一级分解。分解第一层模块结构:即主模块、输入、输出和处理。

(2)第二级分解。进行第二次分解:分别设计输入、输出和处理的下层模块结构。输入、输出的下层模块设计方法是:从变换中心的边界开始沿输入通路向外移动,把输入通路中每个处理映射成软件结构中输入控制模块 Ci 的一个直接下属模块。同样地,沿输出通路向外移动,把输出通路中每个处理映射成软件结构中输入控制模 Co 的一个直接下属模块。变换中心下层模块的设计比较复杂,一般需要视具体情况而定。如果变换中数据流图具有事务型特征的话,则应该按照事务中心设计方法对其子数据流图进行设计。

(四)事务设计

事务设计就是从事务型数据流图映射出软件模块结构的过程,也称为以事务为中心的设计。事务设计的基本方法如下:

(1)第一层分解。首先设计第一层模块。第一层模块结构包括主模块,接收输入类型分析和事务调度模块。

(2)第二层分解。分别设计输入类型分析和调度的下层模块结构。调度的下层模块分解方法是将每条活动通路作为它的判断的一个分支,每个分支的模块结构分解方法与变换设计中输出模块分解方法类似。输入类型分析的下层模块分解方法与变换设计中输入模块分解方法类似。

第六节　面向数据结构的设计

本节介绍一种面向数据结构的详细设计方法：Jackson 法，Jackson 方法是一种较为流行的详细设计方法，Jackson 方法的发展可分为两个阶段。20 世纪 70 年代 Jackson 方法的核心是面向数据结构的设计，以数据驱动为特征；20 世纪 80 年代初开始，Jackson 方法已经演变到基于进程模型的事件驱动。许多软件设计书籍仍然将 Jackson 方法列为面向数据结构的设计方法。本节主要介绍 Jackson 方法面向数据结构的设计方法。

Jackson 方法把问题分解为可由三种基本结构形式表示的各部分层次结构。这三种基本结构形式就是顺序、选择和循环。Jackson 方法提出一种与数据结构层次图非常相似的数据结构表示法，并提出一组基于这种数据结构到程序结构的映射和转换过程。

(一)Jackson 图三种基本结构顺序

Jackson 图的最大特点是不仅表示数据结构，而且可以表示程序(处理)结构及客观事物的层次结构。如果表示的是数据结构，可以表示数据结构 A 由数据项 B、C 和 D 组成；可以表示数据结构 A 由数据项 B 或 C 或 D 组成；可以表示数据结构 A 由若干个数据项 B 组成：

(二)Jackson 方法

面向数据结构设计的 Jackson 方法主要由以下几个步骤组成：

(1)确定要处理的数据结构，并绘制出其 Jackson 图。首先要考查问题环境，确定要处理的输入数据结构和输出数据结构，并用 Jackson 图分别描绘出这些数据结构。

(2)找出输入数据与输出数据结构的对应关系。所谓对应关系是指有直接因果关系,在程序中可以一起处理的数据单元。对于重复出现的数据单元必须是重复的次数和次序都相同才算有对应关系。

(3)确定程序结构。下面四条规则用于从数据结构的Jackson图导出程序结构的Jackson图。①为每对有对应关系的数据单元,按照它们在数据结构中的层次(如果在输入数据结构与输出数据结构中不同的层次,那么以较低的层次为参照,在程序结构的相应位置画上一个程序框;②根据输入结构中剩余的每个数据单元所在的层次,在程序结构图的相应层次分别画上一个程序框;③根据输出结构中剩余的每个数据单元所在的层次,在程序结构图的相应层次分别画上一个程序框;④对于数据结构图中同时以选择出现和循环出现的数据单元,增加一个中间层次的程序框。

(4)列出所有操作和条件,并把它们分配到程序结构的适当位置。

(5)用习惯或要求的详细设计工具(例如,PAD图,NS图,程序流程图或过程设计语言PDL)表示。

经过以上步骤后就可得出完整的程序结构图,可以直接将Jackson程序结构图转换成伪码形式或程序流程图形式,程序员也可以根据这个程序结构图进行编码。

(三)设计实例

面向数据结构的Jackson方法根本目标是:根据需求分析中的"结果"数据字典描述的数据加工和软件总体设计得到的模块结构及其简要说明,应用Jackson方法设计出该模块的程序详细流程。

具体任务是将输入/输出数据结构的Jackson图,通过一些约定和规则转换成程序结构的Jackson图,下面给出一个简单实例的应用说明上述步骤设计程序结构。

1. 问题需求

(1)输入数据:输入的正文文件由若干记录组成,每个记录是一个字符串。

(2)处理要求:程序要求统计每个记录中的空格个数和文件中空格的总个数。

(3)输出数据:要求输出数据格式是每复制一个输入的记录之后,另起一行输出该记录的空格个数,最后输出文件中空格的总个数。

2. 设计过程

(1)确定输入、输出数据结构 Jackson 图。这个例子的输入和输出都很明确,所以它们的数据结构很容易确定,图 3-21 是其输入数据结构图和输出数据结构图。

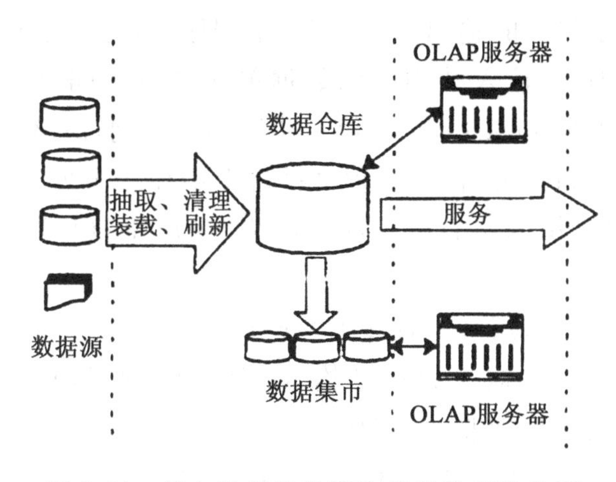

图 3-21　输入数据结构图和输出数据结构图

(2)确定输入与输出数据结构的对应关系。这个例子的输入与输出之间存在两个对应关系,对应关系 1 是输入、输出结构的两个最高层次数据单元“正文文件”与“输出表格”之间的关系,这一对单元总是一一对应的。对应关系 2 是输入结构中的“记录”与输出结构中的“串信息”之间的关系,程序要求每输入一个记录,都要输出其对应的字符串，并另起一行输出其对应的空格个数。

(3)确定程序结构。这一步按照上述Jackson方法第二步的四个规则。

其基本过程说明如下：

画第一层，处理第一个对应关系，在顶层画上一个程序框“统计空格”，它与输入结构的“正文文件”和输出结构的“输出表格”对应。

画第二层，将输出结构图中的“表格体”和“空格总数”两个“剩余”数据单元的程序框“程序体”与“输出空格总数”画在第二层。

画第三层，画第二个对应关系：画上输入结构的“记录”与输出结构的“串信息”对应关系的程序框“处理字符串”。

画第四层，这一层似乎应该是输出结构的“字符串”，输入结构的“字符”与输出结构的“空格数”等数据单元对应的“输出字符串”，“分析字符”和“输出空格数”三个程序框，这三个程序框必须顺序执行：但是，输入结构中的数据单元“字符”同时出现重复和选择结构，根据Jackson方法第三步第四条规则，应该增加一个中间层次，所以，在“分析字符”程序框之上增加一个处理框“分析字符串”。这样，第四层的程序框依次为“输出字符串”，“分析字符串”和“输出空格数”。

画第五层，这层画上程序框“分析字符”。

画第六层，将输入数据结构“剩余”的数据单元对应程序框“处理空格”和“处理非空格”画上。

至此，该例子的程序结构的Jackson图就画出来了。

(4)列出并分配所有操作与条件。经过分析，列出所有操作与条件并将它们加入到的程序结构图上，这样就得到最后的程序结构Jackson图。

加入的“操作”说明如下：

①打开文件。

②totalsum：=0。

③读入记录。

④输出字符串。

⑤sum:=0。

⑥pointer:=1。

⑦pointer:=pointer+1。

⑧sum:=sum+1。

⑨输出空格数(sum)。

⑩totalsum:=totalsum+sum,。

⑪输出空格总数(totalsum)。

⑫关闭文件。

⑬停止。

这里:

sum 保存每个字符串(记录)的空格数。

totalsum 保存空格总数。

pointer 是指向当前分析字符的指针。

加入的"条件"说明如下:

I(1):文件结束。

I(2):字符串结束。

S(3):字符是空格。

第七节　模块化技术

模块是结构化软件的基本单位。模块化技术是结构化设计的基础,也是面向对象方法的基础。结构化软件设计阶段所要完成的软件结构实际上就是系统的模块结构,本节介绍模块的概念,特征和模块化设计的准则等。

(一)模块与模块化

在平时程序设计中经常用到"模块"这个术语,但是并没有严格的定义。所谓模块，指的是可执行语句等程序对象的集合，是可以组合、分解和更换的单元，是组成系统，易于处理的基本单位。模块本身具有三个基本属性：功能、逻辑和状态。功能是说明该模块实现什么，逻辑描述模块内部如何实现要求的功能，状态描述模块的使用环境，条件及模块间的相互关系。

模块化就是把系统划分成若干个模块，每个模块完成一个子功能，把这些模块按照一定关系联系起来组成一个整体，完成指定的功能，满足问题的需求。模块化是为了使一个大型复杂程序能够被有效地管理和维护所应具备的属性，关于这一点，用如下两个函数可以论证：

设函数 $C(x)$ 定义问题 X 的复杂程度，函数 $E(x)$ 确定解决问题 X 所需的工作量(按时间计算)。对于两个问题 P_1 和 P_2，根据人们问题求解的经验，有如下两个经验公式：

1)解决一个困难问题会需要更多的时间，即

如果 $C(P_1)>C(P_2)$，则有 $E(P_1)>E(P_2)$。

2)如果一个问题由 P_1 和 P_2 组合而成，那么它的复杂程度大于分别考虑每个问题时的复杂程度之和。即

$C(P_1+P_2)>C(P_1)+C(P_2)$

综合上述两个经验公式。可以得出如下结论：

$E(P_1+P_2)>E(P_1)+E(P_2)$

这就是“分而治之”的策略：把一个复杂问题划分成许多容易解决的小问题，就比较容易求解了。由上述不等式似乎能得出结论：如果把软件无限细分，那么最后开发软件所需要的工作量就小得可以忽略了。但事实上，影响软件开发工作量的因素还有许多，例如模块接口费用等，所以上述结论不能成立。

应该指出的是：上述不等式的左边只是单独开发各个子模块的工作量之和，而不是分解后的软件开发总成本，上述不等式只能说明：当模块总数增加时，单独开发各个子模块的工作量之和会有所减少。

图 3-22 是软件模块数目、模块接口成本、模块成本总和及软

件总成本的关系。可以看出，随着模块数目的增加，模块开发成本之和是减少了，但是模块接口成本之和却增加了。所以，模块数目必须适中，图3-22中M区是一个使软件开发总工作量最小的曲线区，事实上，所谓的软件总成本也只考虑模块接口成本和子模块开发成本。模块的划分，设计还需要遵循其他设计原则。下面将介绍模块设计的基本方法和优化原则。

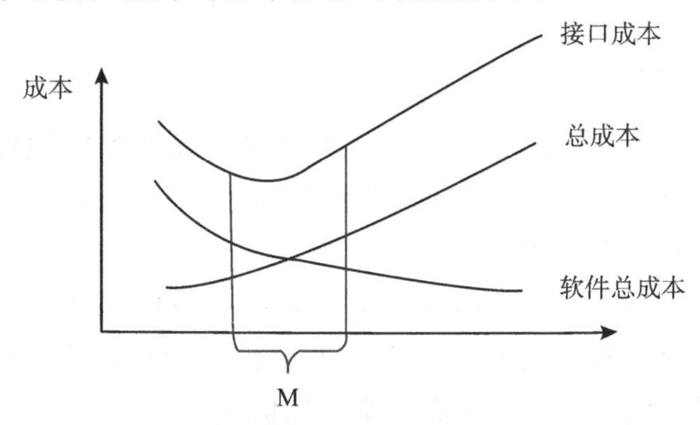

图3-22　软件模块数目、模块接口成本、模块成本总和及软件总成本的关系

(二)模块的特征与独立性

模块的重要特征是:抽象和信息隐蔽。

1. 抽象

抽象是人类认识复杂现象过程中使用的最强有力的思维工具之一。抽象就是将一些具有某些相似性质的事物的公共之处概括出来，暂时忽略其不同之处，或者说，抽象是抽象出事物的本质特性而暂时不考虑它们的细节。模块正是反映数据与过程的抽象。

在模块化问题求解时，可以提出许多抽象层次。在抽象的最高层次使用问题环境语言，以概括的方式叙述问题的解法；在较低抽象层次，则可采用过程性方法描述；在最低的抽象层次用可以直接实现的术语描述问题的解法。

模块化和逐步求精是与抽象紧密相关的概念。软件工程过程的每一步都是对软件解法的抽象层次的一次精化。在可行性研究阶段，软件作为系统的一个完整部件。而在需求分析阶段，概要设计到详细设计过渡过程中，抽象的程度也随之减少。最后，当源程序完成后，就到达了抽象的最低层，模块化与逐步求精的方法就把面向问题的术语同面向现实的叙述结合起来了，前者是后者的一种抽象。

2. 信息隐蔽

信息隐蔽是模块的另一个重要特征。模块的“信息隐蔽”是指一个模块内所包含的信息（过程和数据）不允许那些不需要这些信息的外部模块访问。

模块“信息隐蔽”的结果意味着系统有效的模块化可以通过定义一组独立的模块来实现，这些独立的模块彼此之间仅仅交换那些为了完成系统功能所必须交换的信息。

抽象和信息隐蔽从两个不同方面说明了模块化设计的特征。抽象帮助定义构成软件的过程实体，而信息隐蔽实施对过程细节的存取约束。所有这些都给模块化设计带来莫大的益处，使软件的可理解性、可测试性和可维护性都得到极大的增强。

3. 模块的独立性

模块独立性的概念是模块抽象和信息隐蔽的直接结果，开发具有独立功能且和其他模块之间没有过多的相互作用的模块就可以做到模块独立。也就是说，按照模块独立性原则希望这样设计软件的模块结构：使得每个模块完成一个相对独立的特定子功能，而与软件结构中的其他模块关系很简单（只具有简单的接口）。

模块独立性是软件质量好坏最关键的因素之一，其主要理由有以下两条：

(1)具有独立性的软件容易开发，所以这样的模块化设计称为有效的模块化。因为具有独立性的软件能够分割功能而且接口可以简化，所以可以由一组人员同时开发。

(2)独立的模块比较容易测试和维护。由于模块相互独立，在各自设计和修改代码时所引起的二次影响不大，错误传播范围小。

模块独立性可以由两个定性标准来度量，即内聚和耦合，内聚是衡量一个模块内部联系。耦合则是衡量模块之间的联系。

(三)模块的耦合

耦合(Coupling)表示软件结构内不同模块彼此之间相互依赖(连接)的紧密程度，是衡量软件模块结构质量好坏的度量，是对模块独立性的直接衡量指标。软件设计应追求尽可能松散耦合，避免强耦合。模块的耦合越松散，模块间的联系就越小，模块的独立性也就越强。这样，对模块测试、维护就越容易，错误传播的可能性就越小。

耦合强弱取决于模块间接口的复杂程度，进入或访问一个模块的点，以及通过接口的数据。如果两个模块中每个模块都能独立地工作，而不需要另一个模块的存在，那么它们彼此之间完全独立，即没有任何联系，也无所谓耦合可言，但是在一个软件系统内不可能所有模块之间都没有任何连接。一般地，可以将模块的耦合分成四类：数据耦合、控制耦合、共用耦合和内容耦合。

1. 数据耦合

如果两个模块之间只是通过参数交换信息，而且所交换的信息仅仅是数据，那么这种耦合称为数据耦合。数据耦合是最低程度的耦合。

2. 控制耦合

如果两个模块之间所交换的信息包含控制信息，那么这种耦合称为控制耦合。

3. 共用耦合

当两个或多个模块通过一个公共区相互作用时，它们之间的耦合称为共用耦合。这类公共区可以是全程数据区、共享通信区、内存公共覆盖区、任何介质上的文件、物理设备等。

在共用耦合中，假设模块A、C和E都存取全程数据区（例如一个磁盘文件）中一个数据项。如果A模块读该项数据，然后调用C模块对该项数据重新计算并进行更新，如果C错误地更新了该项数据，在往下处理中模块E读该项数据发现错误。从表面上看，问题似乎发生在模块E中，实际上问题由C模块引起。所以，软件结构中存在大量共用耦合会给诊断错误带来困难。

4. 内容耦合

内容耦合是最高程度耦合，是应该避免的，内容耦合是指一个模块与另一个模块的内容直接发生联系，例如一个模块直接转移到另一个模块内部，一个模块使用另一个模块内部的数据等都会产生内容耦合。一个内容耦合例子，模块B直接转移到模块A中。这样的结构对维护会带来严重的困难。

总之，耦合是影响模块结构和软件复杂程度的一个重要因素，应该采用如下设计原则：尽量使用数据耦合，少用控制耦合，限制共用耦合，完全不用内容耦合。

(四)模块的内聚

内聚（Cohesion）表示一个模块内部各个元素彼此结合的紧密程度，是衡量一个模块内部组成部分间整体统一性的度量，它是信息隐蔽概念的自然扩展。理想的模块只做一件事情。

根据模块内部构成情况，模块的内聚可以划分成高、中、低三大类内聚。常见的内聚可分成：功能内聚、顺序内聚、通信内聚、过程内聚、时间内聚、逻辑内聚、偶然内聚七类。它们内聚程度依次从高到低，一般认为功能内聚和顺序内聚是高内聚，通信内聚，过程内聚是中内聚，时间内聚、逻辑内聚和偶然内聚是低内聚。

1．功能内聚

如果一个模块内所有处理元素完成一个，且仅完成一个功能，则称为功能内聚（Functional Cohesion）。功能内聚是最高的内聚。但是，在软件结构中，并不是每个模块都能归结为完成一个功能而设计成一个功能内聚模块。

2．顺序内聚

如果一个模块内处理元素和同一个功能密切相关，而且这些处理元素必须顺序执行，则称为顺序内聚（Sequential Cohesion）。通常一个处理元素的输出是另一个处理元素的输入。

3．通信内聚

如果一个模块中所有处理元素都使用同一个输入数据和（或）产生同一个输出数据，称为通信内聚（Communicational Cohesion）。模块 A 的处理单元是由同一数据文件 FILE 的数据产生不同的表格。通信内聚有时也称数据内聚。

4．过程内聚

如果一个模块内的处理元素是相关的，而且必须以特定的次序执行，称为过程内聚（Procedural Cohesion）。过程内聚模块的各组成功能由控制流联结在一起，实际上是若干个处理功能的公共过程单元。过程内聚与顺序内聚的区别主要在于：顺序内聚中是数据流从一个处理元流到另一个处理元，而过程内聚中是控制流从一个动作流向另一个动作。

5．时间内聚

如果一个模块包含的任务必须在同一段时间内执行称为时

间内聚(Temporal Cohesion),也称瞬时内聚。例如,模块完成各种初始化工作,处理故障模块等。例如,紧急故障处理模块中关闭文件、报警、保留现场等任务都必须无中断地同时处理。

6. 逻辑内聚

如果一个模块完成的任务在逻辑上属于相同或相似的一类(例如,一个模块产生各种类型的全部输出),称为逻辑内聚(Logical Cohesion)。对逻辑内聚模块的调用,常常需要有一个功能开关,由上层调用模块向它发出一个控制信号,在多个关联性功能中选择执行某一个功能。这种内聚较差,增加了模块之间的联系,不易修改。

7. 偶然内聚

如果一个模块是由完成若干毫无关系(或关系不大)的功能的处理元素偶然组合在一起的,就叫偶然内聚(Coincidental Cohesion)。偶然内聚是最差的一种内聚。常犯这种错误的一种情况是:有时在写完程序后,发现一组语句在多处出现,于是为了节省空间而将这些语句作为一个模块设计,这就出现了偶然内聚。

模块功能划分的粗细是相对的,所以模块的内聚程度也是相对概念。实际上,很难精确确定内聚的级别,重要的是在软件设计中应力求做到高内聚,尽量少用中内聚,不用低内聚。一般来说,在系统较高层次上的模块功能较复杂,内聚要低一些,而较低层次上的模块内聚程度较高,达到功能内聚的可能性比较大。

(五)模块设计的一般准则

前面的模块概念实际上已给出了模块设计的一些基本原则。这里,在此基础上介绍几条模块设计与优化准则。这些准则是以后软件结构,求精和复查的重要依据和方法。

1. 改进软件结构提高模块独立性

评价软件的初始结构，通过模块的分解和合并，减小模块间的联系(耦合)，增大模块内的联系(内聚)。例如多个模块共有一个子功能可以独立成一个模块，由这些模块调用。有时可以通过分解或合并以减少控制信息的传递及对全程数据的引用，并且降低接口的复杂程度。

2. 模块规模要适中

模块的规模不宜过大，但是以多少为宜并没有定论，应该视具体情况而定。一般来说，模块的大小以一页左右为宜。一页(高级语言 50 行左右)在一个人的智力跨度之内，这样的规模大小比较容易阅读和理解。

有人从心理学角度研究得知，当一个模块所含的程序超过 50 行以后，模块的可理解程度会迅速下降。但是，在进行模块设计时，首先应按模块的独立性来选取模块的规模。

例如某个模块功能是一个独立的少于 50 行的程序段，则不要嫌小而去与其他内容拼凑成 50 行的模块；如果一个具有独立功能的程序段占用 1 页半，也不要嫌大而将它划分成两个模块。

应该注意的是，这种用代码行数来衡量模块大小的方法只适合于传统的程序，现代程序的概念已经有了较大的变化。

第四代语言(4GL)已不能再用代码的长度来说明一个模块的规模大小和复杂程度了，所以，模块的规模大小主要还是要根据其功能来判断。

3. 深度、宽度、扇入和扇出应适当

深度表示软件结构的层次，它一般能粗略地反映一个系统的大小和复杂程度，宽度是指软件结构内同一层次上的模块总数的最大值，一般来说，宽度越大系统越复杂。

扇出是指一个模块直接控制(调用)的模块数目；扇出是影响

宽度的重要因素，扇出过大意味着模块过分复杂，需要控制和协调过多的下级模块，扇出过小也不好，经验表明，一个设计得好的典型系统的平均扇出通常是3或4个。

扇入是指直接调用一个模块的模块数目。扇入越大表明共享该模块的上层模块越多，但是往往也会意味着该模块所包含的内容越多：所以，也应该注意要以不违背模块独立性原则为前提，适当设计。

扇入扇出过多往往是因为模块包含过多的功能，通常的改进办法是增加中间层次。

4. 降低接口复杂性

模块接口的复杂性是软件发生错误的一个重要原因。因此，设计模块接口时，应尽量使传递的信息简单并与模块的功能一致。下面用一个简单例子说明接口复杂性问题，下面是两个求一元二次方程根的程序模块。

模块1：

QUAD-ROOTl((tbl,x)

这里使用数组tbl代入方程的系数：tbl(1)＝a，tbl(2)＝b，tbl(3)＝c；数组x回送方程的根。

模块2：

QUAD-ROOT2(a,b,c,rootl,root2)

对模块1而言，接口tbl和x的意义不明确，而模块2则接口简单明了，又与模块1功能一致。所以从这种意义上说，模块2比模块1的接口复杂程度要低。

5. 设计单入口单出口的模块

一个模块只有一个入口和一个出口时，该模块比较容易理解，比较容易维护，这样可以避免“病态连接”（内容耦合），减少模块间的联系。

(六)模块的控制域与作用域

模块的控制域是该模块本身以及所有直接或间接从属于它的模块的集合。模块的作用域是该模块内一个判断影响的模块的集合。控制域也称为控制范围,作用域也称为作用范围或影响范围,控制域是从结构方面考虑的,作用域则是从功能方面考虑的。

在模块设计中,模块控制域与作用域主要应该考虑两个方面:

(1)作用域应在控制域之内

(2)判断点位置要适中,尽量使其影响到的模块成为其直接下属模块

对于结构图中作用域不在控制域范围之内的,可采用如下三种改进方法:

(1)将包含判断的模块状合并到它的调用模块之中,使判断处于足够高的位置

(2)将受判断影响的模块下移到控制域之内

(3)把判断上移到足够高的位置

例如:模块 A 的控制域是{A,A1,A2},而作用域则是{A,A1,A2,B,B1,B2},作用域超出了控制域。按第三种方法改进后的模块图,将判断从 A 模块上移到 M 模块中。

又如:图 3-23 给出了三种模块结构图,图中阴影框表示判断影响到的模块。它们的作用域都没有超出控制域。

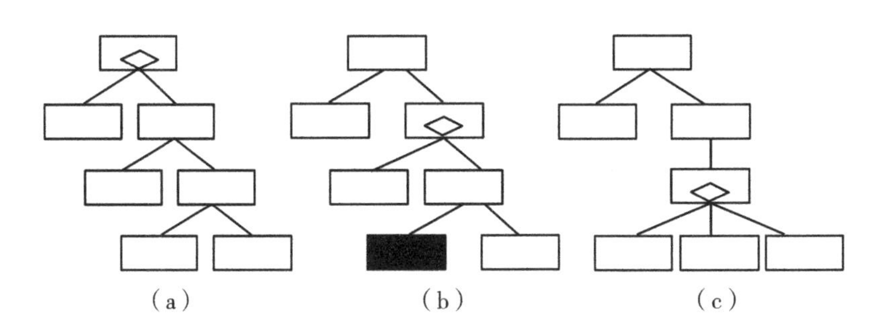

图 3-23　模块结构图

但是从作用域与判断点位置来看：图 3-23(a)的判断点在层次结构中位置太高，不太理想。图 3-23(b)中模块的判断较适中。图 3-23(c)中的作用域是其直接下层模块，最为理想。

第八节　小　结

本章介绍结构化方法的基本概念，技术和工具。主要从软件方法方面讨论结构化方法分析与设计软件的主要步骤和基本方法。

(1)给出了结构化程序的形式化描述，介绍了结构化定理并给出一种从非结构化程序构造结构化程序的方法。

(2)介绍了基于数据流技术的结构化分析与设计方法与工具，主要步骤和内容如下：①用数据流技术分析软件需求，画出软件的数据流图，给出相应的数据词典；②应用面向数据流设计技术，设计软件的模块结构及数据文件等，并用 IPO 图，结构图或其他结构化设计工具表达；③应用模块设计技术和准则优化所得到的结构图；④设计模块的详细说明书和实现算法。

(3)介绍了一种面向数据结构的设计方法 Jackson 方法。

(4)讨论了模块化技术基本概念，介绍了模块优化的基本规则。

第四章　面向对象方法

面向对象方法(Object-Oriented Method)是20世纪90年代流行的一种新的软件开发方法。但是,面向对象的概念和思想却由来已久。有人认为,可以将Dahl与Nygard在1967年推出的程序设计语言Simula-67作为面向对象的诞生标志。Simula-67首先在程序中引入了对象概念。但是,面向对象真正的第一个里程碑应该是1980年Smalltalk-80的出现。Smalltalk-80发展了Simula-67的对象和类的概念,并引入方法、消息、元类及协议等概念,所以有人将Smalltalk-80称为第一个面向对象语言。但是,使面向对象广泛流行的则是面向对象的程序设计语言C++。本章介绍面向对象方法基本概念和主流技术,主要内容如下:

(1)面向对象概念和特征。

(2)面向对象软件生命周期。

(3)Coad和Yourdon的面向对象方法。

(4)标准建模语言UML。

(5)Rational Rose。

第一节　面向对象概念与特征

面向对象方法是当前软件方法学的主要研究方向,也是目前最有效、最实用的流行软件开发方法之一。但是什么是面向对象,面向对象应该具备哪些基本特征呢?目前,面向对象并没有严格,明确的定义。面向对象的方法可以简明地用下面的等式描述：

面向对象的方法＝对象(属性及服务的封装)
＋分类
＋继承
＋通过消息的通信

面向对象软件方法的基本原则是：按人们通常的思维方式建立问题之间的模型。设计尽可能自然地表现求解方法的软件。为此，必须建立直接表现组成问题空间的事物及其相互关系的概念，必须建立适应人们一般思维方式的描述范式。

在面向对象方法中，用概念对象(Object)和消息(Message)表示事物及事物间的相互联系，类(Class)和继承(Inheritance)是适应人们一般思维方式的描述范式，用方法(Method)表示作用在该类对象上的各种操作。建立在这种对象、消息、类、继承和方法等概念基础上的面向对象软件的基本特性是对象的封装性(Encapsulation)和继承性。通过封装可以将对象的定义与对象的实现分开，通过继承可以表达类与类之间的关系，以及由此带来的动态联编(Dynamicbinding)和实体的多态性(Polymorphism)，从而构成了面向对象的基本特征。

(一)对象

在日常生活中，人们经常使用"对象"这个词汇。在英国的韦勃斯特新大学字典中，把对象定义为某一事物，即对象是可以看到、摸到或感觉到的一种实体，可见世界上的各个事物都是由各种"对象"组成的，任何事物都是对象，是某个对象类的一个元素。复杂对象可由相对简单对象以某种方法组成。从这个意义上来说，整个世界是从一些最原始的对象开始，经过层层组合而成。例如，一家图书馆是一个对象，它由若干本书，音像出版物等组成；一本书也是一个对象，《软件方法学》是对象类"书"的一个具体元素。

如此看来，一个对象既可以是极其复杂的，又可以是非常简单的。复杂的对象往往可以由若干简单对象组合而成。整个世界是一个最复杂的对象。每个对象都有其自身所具有的状态特征和功用。例如，一辆自行车，首先它是一个客观实体，它有一个登记号标识；其次它具有尺寸、颜色等自身的特征；再次它具有移动，转弯，修理等操作。再例如一个人，首先他是一个客观实体，具有一个名字来标识；其次他有性别、年龄、身高、体重等体现自身状态的特征；再次他还具有一些技能，如会计算机操作、会英语等。

在计算机面向对象技术中，对象是系统的基本成分，是具有特殊属性（数据）和行为方式（方法）的实体。具体来说，它应有唯一的名称。有一组状态（用公共数据与私有数据等表示），有表示对象行为的一组公共与私有操作。简言之：

对象＝数据＋动作（方法、操作）

1. 对象的状态

一个对象之所以能够独立存在，是因为它具有自身的状态，即自身所具有的特征。由于这些特征的存在，使其能够对其自身和对外界对象施加作用（操作）。当然，一个对象的这些状态并非完全用来直接为外界服务的，但它们是为外界服务的基础。

例如，一个人的内脏是他的内部状态，作为人这个对象还具有诸如身高、体重等外部状态。并不是所有这些状态都用来直接为外界提供服务。

例如，那些内部状态。但是内部状态体现了人的身体状况，是人这个对象为外界服务的基础，因为一个人若没有良好的身体就不能很好地为社会服务。

例如，有一个名叫李明的男教师，身高 1.75 米，体重 65 公斤，教计算机，拉小提琴等，那么可以这样描述这个对象：

对象名：李明

对象的状态（数据）：

性别：男

身高:1.75 米

体重:65 千克

对象的动作(功能,操作):

教计算机

拉小提琴

2. 对象的划分与确定

人们在解决实际问题时,首先要对问题进行分析,明确该问题中包含一些什么成分或子问题,每个成分有什么作用,它们之间又有什么关系。用面向对象方法解决问题的方法也是这样,首先要确定问题空间中包含哪些对象,有哪些操作,这些对象之间有什么关系,它们与操作又有什么关系。

对象的划分与确定是否合理直接影响软件质量的好坏。对象划分得好,既可以便于程序的扩充,又可以为以后的其他应用提供基础。如何选择和划分对象,没有固定的方法和唯一的标准,这依赖于设置对象的目的和所需要的操作,以及设计人员的经验和技巧。

例如,模拟一个学校系统,模拟的目的不同,对象的划分也就不一样。如果模拟的目的是为收集学生的学习情况,那么可以设置表示学生、教师、教材、课程、教室等方面的对象。如果模拟的目的是为了收集学生在校的所有学习和生活情况,那么在原有的基础上,还应增加表示学生宿舍、学生食堂、校医院、文体设施、课外活动等方面的对象,对象划分的基本原则是:寻求一个大系统中事物的共性,将所有共性的系统成分确定为一个对象。

3. 对象的特性

在面向对象系统中,对象是构成和支撑整个软件系统的最重要,最基础的细胞和基石。每定义一个对象,就增加了一个具有丰富内涵和新的抽象数据类型,对象主要有以下三个特性:

(1)模块独立性。从逻辑上看,一个对象是独立存在的模块。对外界对象来说,只需要了解它具有哪些功能,而无须了解它是如何实现以及用到哪些局部数据等"隐蔽"在模块内部的信息。也就是说模块内部状态不会因外界的干预而改变,也不会涉及其他模块,模块之间的依赖性极小,各模块可独立为系统所组合选用,也可以被程序员重用,而不用担心会影响或破坏其他模块。

(2)动态连接性。客观世界中各式各样对象并不是孤立存在的,它们之间存在着千丝万缕的联系。正是这些对象之间的相互作用,相互联系和连接,才构成世间各种各样丰富多彩的系统。在面向对象系统中,通过消息的激活机制,把对象之间的动态联系连接在一起,使整个机体运转起来,称这种特性为对象的连接性。

(3)易维护性。由于对象的功能实现细节被"隐蔽",好像被一层外壳保护在对象内部,所以对象功能的修改,完善等都局限于对象的内部,不会涉及外部对象,这就使得对象和整个系统变得非常容易维护。

(二)消息与方法

对象是问题求解的实体,但是并不是一个孤立的事物,一个系统一定是由若干相互关联的一组对象组成的,并通过对象之间的相互联系共同来完成一个"整个问题"的求解。

1. 消息

消息就是用来请求对象执行某个处理或回答某些信息的要求。是连接对象的纽带,消息既可以是数据流,又可以是控制流。在面向对象系统中,对象间的联系只能通过传递消息进行,对象只有在接收到消息后,才被激活。被激活后的对象代码"知道"如何去操作它的私有数据去完成该消息所要求的功能。

消息具有如下几个性质：

(1)同一对象可以接收不同形式的多个消息，产生不同响应。

(2)一条消息可以发送给不同的对象，消息的解释完全由接收对象完成，不同的对象对相同形式的消息可以有不同的解释。

(3)与传统程序的调用/返回所不同的是，对于传来的消息，对象可以返回相应的回答信息，也可以不返回，即消息的响应并不是必需的。

2. 消息模式与方法

消息的形式用消息模式(Message Pattern)刻画。一个消息模式定义了一类消息，例如，定义“＋一个整数”是实体“100”的一个消息模式，那么“/10”、“＋20”等都是属于该消息模式的消息。

对同一消息模式的不同消息，同一对象所做的解释和处理都是相同的，只是处理结果可能不同。所以，对象应定义一组消息模式和相应的处理方法：消息模式不仅定义了对象接口的所能受理的消息，而且还定义了对象的固有处理能力，是定义对象接口的唯一信息，使用对象只需要了解它的消息模式。所以对象具有极强的“黑盒”特性。对象的这些消息模式的处理能力即所谓的“方法”(Method)，方法是实现消息的具体功能的手段。在C＋＋中方法称为成员函数。

3. 公有消息与私有消息

在面向对象系统中有两类消息，即公有消息和私有消息。如果有一批消息属于同一个对象，其中有一部分是由外界对象直接向它发送的，则称之为公有消息；还有一部分则是它自己向本身发送的，称为私有消息。私有消息不对外开放，外界不必了解它们。外界对象向该对象发送消息时，只能发送公有消息，而不能发送私有消息。

例如，下面是用C＋＋定义的一种对象：

Class person{

```
    private:
        Char name(20);
        In age;
        Char add[40]。
        Char sex[2]。
      Void print Name()  {……};
      Void print Age()  {……};
      Void print Add()  {……};
      Void print Sex()  {……};
  public:
      Void print()  {
      Print Name();
      Void print Age();
      Void print Add();
      Void print Sex();
};
```

这是一个人员对象，它具有的状态包括姓名、年龄、住址和性别。它有五个消息，其中消息 print()为公有消息、消息 print Name()、print Age()、print Add()和 print Sex()是私有消息。外界对象只能向 person 对象发送 print()消息，而其他四个消息只能由 person 自身发送，例如，可以由自身的 print()功能发送这四个私有消息。

4. 消息序列

人们在日常生活的交流过程中，常常不只向一个人请求帮助或发布指令，也不只一次向别人发出请求或指令。例如，系秘书将接到的有关通知公布如下：

张教授上午去科委参加鉴定会。

李主任上午到校长办公室开会。

王副主任下午到 7-301 听公开课。

这就是一个消息序列。在这个序列中各个消息如何实施不是系秘书的工作,而是由张教授、李主任、王副主任等具体执行这些请求的人去完成。

在面向对象系统中,用消息序列来描述这种情形。例如,下面是一个C++实现的消息序列:

```
classperson{
        char name[20];
        intage;
        char add[40]。
        char sex[2]。
      public:
        Void print Name()   {……};
        Void print Age()  {……};
        Void print Add()  {……};
        Void print Sex()  {……};
        };
      Class course{
        Char ctitle[20];
        int roomno;
        Char ctime[20];
      public:
        Void print  (  )
        {……}
      }
  Voidf1  (personA,  courseB)
    {  A. printName();
        A. printAge();
        A. printAdd();
        A. printSex();
        B. print  ();
```

}

上面程序中定义了一个类 person，函数 C 向 person 类对象 A 发送了四个打印消息，向 course 类对象 B 发送一个打印消息。这五个消息形成了一个向两个对象发送的消息序列，函数不用关心这些消息是如何执行的。

(三)类

1. 类与实例

前面提到“对象是某个对象类的一个元素”，“对象类”就是这里所谓的“类”(class)。在面向对象的程序设计中，只需定义一个类对象就可以得到若干个实例(instance)对象了，一个类描述了属于该类型的所有对象的性质，包括外部特征和内部实现。从类的形式可以看到类实际上是抽象数据类型的具体实现。数据类型是指数据的集合和作用于其上的操作集合，而抽象数据类型则不关心实现的细节，是数据类型抽象的表现形式。类就是对象集合的抽象，类与对象的关系相当于一般程序设计中变量与变量所具有的类型的关系。

对象是在执行过程中由其所属类动态生成，一个类可以生成若干个不同的对象。这些对象具有相同的性质，即具有相同的外部特性和内部实现。但是，这些对象可以有不同的内部状态，而且对象的内部状态则只能由其自身改变，任何别的对象都不能改变它。类与实例的关系是抽象与具体的关系，类是多个实例的综合抽象，实例是类的个体实物。例如，李明是一个学生，学生是一个类，李明作为一个具体的对象，是学生类的一个实例。同一类的不同实例具有如下特点：

(1)相同的操作集合。

(2)相同的属性集合。

(3)不同的对象名。

2. 类的描述

在实际工作中,单纯描述一个独立的对象是如何工作的没有什么意义,往往是描述一个类的工作。类的确定是采用归纳的方法,从所分析得到的对象中,归纳出共同的特征从而确定一个类,在C++、small talk等面向对象语言中都设有类的描述文件,因而在程序中定义类非常方便,前面两小节中定义的person和course就是使用C++类的描述功能定义的类。

类的描述包括三个部分:

1)类名。

2)实例可访问的变量名。

3)实例可以使用的方法。

(四)基本特征

面向对象系统最基本的特征是封装性、继承性和多态性。下面主要介绍封装、协议和继承性等基本特征概念。

1. 封装

封装是一种信息隐蔽技术:用户只能见到对象封装界面上的信息,对象内部对用户是隐蔽的。其目的在于将对象的使用者与设计者分开,使用者不必了解对象行为的具体实现。只需用设计者提供的消息来访问该对象。封装应具有以下几个条件:

(1)具有一个清楚的边界,对象所有私有数据,内部程序(成员函数)细节都被限定在这个边界内。

(2)具有一个接口,这个接口描述该对象和其他对象之间的相互作用,请求和响应,即消息。

(3)对象内部的实现细节受封装壳保护,其他对象不能直接修改该对象所拥有的数据和代码。

封装本身体现了模块性,把定义模块与实现模块分开,使软件的可维护性,可修改性大为改善。

2. 协议

协议(protocol)是一个对象对外服务的说明，它告知一个对象可以为外界做什么：协议指明该对象所能接收的消息，外界对象能够且只能够向该对象发送协议中所提供的消息，请求该对象服务。即使某个对象可以完成某功能，但是如果它没有将该功能放入协议中去，外界对象依然不能请求它完成这一功能，协议实际上是一个对象所能接收的所有公有消息的集合。

下面是一个C++语言定义的对象类：

```
Class student{
    private:
      char * name:
      Int   mark;
      Void change Mark();
    protected:
      Int get Mark();
    public:
      char * get Name();
      char * get Major;
}
```

上面定义的student类包含学生姓名、分数、专业等。所包含的操作(所具有的功能)有三种：

(1)处于私有段(private)的change Mark，是不向外界公开的功能，只供对象本身使用。

(2)处于保护段(protected)的get Mark，是只向部分外界公布的功能，只对其派生类对象提供服务。

(3)处于公有段(public)的get Name和get Major，是向所有外界公开的功能，它们可以响应外界对象的请求，这些属于协议中的内容。

3. 继承性

在现实生活中,对事物分类时并不是一次就能分得特别精细,往往是先进行粗分类,然后进一步细分,使类相互联系而形成完整系统的有机机制。这种类之间的关系就是类的继承(inheritance)。

当类Y继承于类X时,称Y是X的子类,X是Y的超类。类Y由两部分组成:继承部分和增加部分,前者是从X继承得到的,增加部分则是专门为Y编写的新代码。

继承关系通常被称为“IS-A”关系,这是因为当类Y继承类X后,类Y就具有了X所有特性,因此Y“是一个”X,当然Y还可能包含X中没有的特性,而比X有更多的特性。因此,继承关系常用来反映抽象和结构。

概括来说,有继承关系的类之间应具有下列几个特性:

(1)类间具有共享特征(包括数据和程序代码的共享)。

(2)类间具有细微的差别或新增部分(包括非共享的程序代码和数据)。

(3)类间具有层次结构。

继承性有助于开发快速原型;有助于实现从可重用成分构造软件系统,还有助于促进系统的可扩充性。

继承的分类可以从两方面考虑,一种从继承源可以分为单继承和多继承,一种从内容上可分为取代继承,包含继承,受限继承和特化继承等。单继承与多继承下面专门讨论,这里举四个例子分别说明来取代继承,包含继承,受限继承和特化继承。

(1)例如,徒弟从师傅那里学到所有手艺,那么在任何需要师傅的地方都由徒弟取代,这就是取代继承。

(2)例如,“水果”是一类对象,“苹果”是一种特殊的水果。“苹果”继承了“水果”所有特征,任何一个苹果都是一个水果,这就是包含继承,即“苹果”包含了“水果”具有的所有特征。

(3)例如,“鸵鸟”是一种特殊的鸟,它不能继承鸟会飞的特征,这就是受限继承。

(4)例如,“工程师”是一类特殊的人,他们比一般人具有更多的特有信息,这就是特化继承。

引入了类的继承概念,就出现了类的层次结构。一个类的上层可以有超类(super class),下层可以有子类(sub class),这样就构成一种层次结构。C++语言中超类称为基类,子类称为派生类。

当一个类B从类A中派生出来,B类继承了A类的部分或全部属性。B类又可以派生出新的类,例如,派生出C类和D类。那么由A,B,C,D类构成层次结构。

A类是B类,C类和D类的基类,而且是B类的直接基类。B类是A类的派生类,是C类和D类的基类。

用C++语言描述如下:

```
class  A{
    //…
    };
class  B:public  A{
    //…
    };
class  C:public  B{
    //…
class  D:public  B{
    //…
    };
```

前面已经提到,从继承源角度继承可以分成单继承和多重继承两种。所谓单继承是指每个类只继承一个基类的特性,多重继承则是指在派生类中继承了不止一个基类的属性。

单继承的引入解决了许多问题,但是在不少场合,还需要比单继承更强的继承形式才能解决问题。例如,在基于映像的显示器上,假定用户界面所提供的窗口、滚动条、尺寸框以及多种类型的按钮等都通过类来支持,如果需要将所有这些类型合并成一个新类型,此时,使用多继承就能很方便地实现这种要求。

(五)封装与继承的关系

在面向对象的概念中,继承与封装似乎是两个矛盾的机制。有了封装机制,对象之间只能通过消息传递进行通信,而继承机制的引入似乎削弱了对象的封装性。实质上,对象的封装性和继承性并没有实质性的冲突。在面向对象系统中,封装性主要是指对象的封装性,即将属于某一类的一个具体的对象封装起来,使其数据和操作成为一个整体。

在引入了继承机制的面向对象中,对象依然是封装得很好的实体,其他对象与它进行通信的途径仍然只有一条,那就是发送消息。类机制是一种静态机制,不管是基类还是派生类,对于一个对象来说,它仍然是一个类的实例,丝毫没有影响对象的封装性。

从另一个角度来说,继承性与封装性还有一定的相似性,即它们都是一种共享代码的手段。继承是一种静态共享代码的手段,通过派生类对象的创建,可以接受某一消息启动其基类所定义的代码段,从而使基类和派生类共享了这一段代码。

而封装机制所提供的是一种动态共享代码的手段。通过封装,可以将一段代码定义在一个类中,在另一个类所定义的操作中,可以通过创建该类的实例,并向它发送消息而启动这一段代码,同样也达到了共享的目的。

(六)多态性与动态联编

多态性(Polymorphism)是面向对象系统的又一个重要特性,多态性是指允许不同类的对象对同一消息作出响应。在面向对象系统中,功能重载的含义是指通过为函数和运算符创建附加定义而使它们的名字可以重载。也就是说,相同名字的函数或运算符存在不同的场合可以表现出不同的行为。

功能重载意味着特定的函数不仅以函数名来区分,而且用它所带的参数来区别。例如,下面的C++程序定义了三个功能重载的函数：

```
Class number{
          int   i;
          float x;
          char * S1;
    public:
      Int max(int a){return   a>X   a:i}
      Float max(floatb)   {return   b>X   b:x:}
      char * max(char * c)   {return strcmp(c,s1)>0   C:S1}
    //….。
};
```

这里重载了三个 max 函数，它们的功能都是将函数的参数分别与类中相应的私有数据比较大小。它们的区别是函数参数的类型不同，当有“求最大值”消息发送时，就要看发送消息传送的是什么类型的参数，根据参数类型来决定调用不同的“同名函数”。例如发送的消息为 max(10)，则执行第一个 max 函数，因为其参数类型为整型。

面向对象的多态性是指当不同的对象接收到相同的消息时产生不同的动作。多态性具有静态类型和动态类型。动态类型可以在程序执行期间在实例之间进行变化。静态类型是在程序上下文中由实体说明决定的。

例如，对一个电子邮件的发送，现有局域网类对象 LAN 和宽域网类对象 WAN 都可以对来自对象“邮件”的同一消息“发送给××”作出响应，即对同一个“发送给××”操作，可以有不同的实现方法，可以通过 TCP/IP 协议来找××，也可以通过 X.25 协议来找××，这在运行时由系统决定。这种动态决定实现方法的性质称为动态联编(dynamic binding)。

在面向对象系统中，动态联编是与多态性和继承性密切相关的，例如，使用一个与多态引用有关的过程调用可能依赖所引用的动态类型。

第二节　软件生命周期与开发模型

(一)面向对象的软件生命周期

用面向对象方法开发软件,软件生命周期中各时期有其特有的要求和方法:一般来说,面向对象的软件开发过程与典型的瀑布模型和典型的原型模型有所不同,它是综合瀑布模型和原型模型的一种迭代,渐增式的开发过程模型,每个阶段都可以相互反馈,如图 4-1 所示。

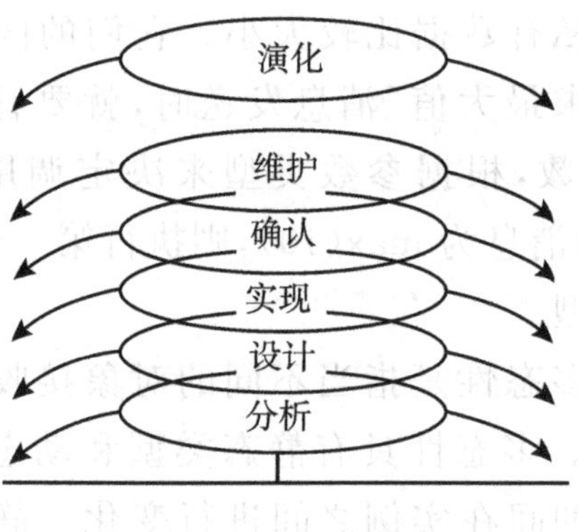

图 4-1　瀑布模型

1. 面向对象分析(Oriented-Object Analysis)

在面向对象方法中,软件分析的基本任务是从现实问题空间抽象出对象空间。具体来说,面向对象分析核心就是从问题空间中选出词汇建立类和对象的模型。在分析阶段主要问题集中在如何找出关键抽象,明确问题中存在哪些数据实体,它们的意义是什么,暂时并不考虑它们是如何处理的。分析阶段一般主要包括:定义问题边界、问题空间的关键抽象、类的抽象等三个方面。

2. 面向对象设计(Oriented Object Design)

面向对象方法的设计阶段主要任务是对问题空间的关键抽象再分解,从而给出类的层次结构以及对象之间的关系。将设计的结果反馈到分析阶段进行修正,直到关键抽象足够简单不需要再分解为止。该时期的任务还包括对象/类的关系和层次的具体化,确定方法(服务)和函数的实现算法等。

3. 面向对象实现(Oriented Object Implementation)

软件实现是在设计的基础上进行编码、测试、集成组装的迭代过程。对一个复杂系统,不可能将问题空间的每一个细节都分析和设计得完备无缺才开始编码。何时进行编码工作实现,一般来说,这要由问题空间中最基本的设计是否已经完成来决定,实现阶段的结果也要反馈到分析与设计阶段。

具体任务可以归纳为以下几个:

(1)识别问题及其解中出现的对象。

(2)根据对象的共同点和不同点对它们进行分类。

(3)设计出对象间相互作用的关系。

(4)实现执行对象间相互作用的算法的方法。

(二)面向对象方法与快速原型技术

应用快速原型方法开发软件的主要优点是能同时减轻系统开发者和用户的负担,使用户与开发者在分析与设计阶段能够不断进行交互,而不必要求用户一次性提供对整个系统的准确描述,开发者也不必在完全理解和明确了用户的每项需求细节之后再着手开发。基于面向对象的快速原型方法是一种进化式,渐增式的开发过程,图 4-2 是基于面向对象方法的原型系统的建立过程。

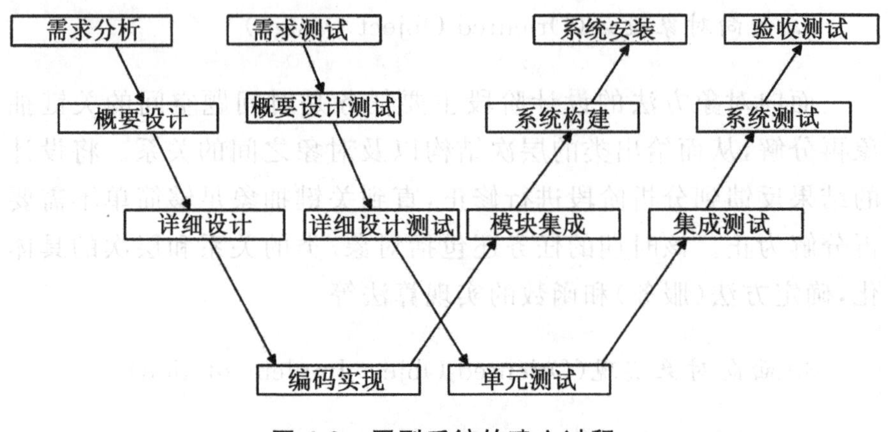

图 4-2 原型系统的建立过程

将面向对象方法与快速原型技术相结合,可以形成如下几个方面的技术手段,给软件的可靠性带来良好的支持:

(1)以类作为系统构造单元,具有高度的可重用性,从而系统中的单元是久经考验的软件单元,保证了系统的可靠性。

(2)对象和类是具有封装功能的软件单元,其中的错误只局限于类或对象本身,不会传播到系统其他位置,易于检错。

(3)由于是进化式开发快速原型,用户对系统需求的原型的可信性和需求正确程度大为提高,从而在需求阶段就保证了系统的可靠性。

(4)基于面向对象技术的进化式原型开发方法容许开发人员对不清楚的问题暂时搁置,等到用户给出明确定义之后再来设计,从而进一步保证了系统的可靠性。

第三节 典型面向对象方法

相对结构化分析与设计来说,面向对象分析与设计(Object Oriented Analysis and Design)的方法和工具都还处于发展阶段,本节简要介绍 Coad 和 Yourdon 面向对象分析与设计方法。

(一)OOA 的形成

OOA 是在信息模型(实体关系图与数据模型)和面向对象程序设计语言两者之间最好的概念之上建立起来的。实体关系图(E-R 图)(信息模型化)语义数据模型化面向对象程序设计语言中面向对象分析来自信息模型的概念有:属性、关系、结构和代表问题空间事务的若干实例的对象表示。来自面向对象程序设计语言的概念有:属性和服务的封装,将属性和服务作为一个固定的整体对待等。OOA 基于如下几点:

(1)在分析和规格说明的总体框架中贯穿结构化方法,如对象和属性,整体和部分以及类与成员等。

(2)用消息进行用户和系统之间以及系统中实例之间的相互通信。

(3)在识别每个部分提供的方法的总体框架中对性能进行分类。

Coad 和 Yourdon 提出设计 OOA 的七大原因或目标(即 OOA 的优越之处),概括如下:

(1)有助于理解问题空间,OOA 特别强调对问题领域的理解。

(2)改进了分析员和领域专家之间的交互方式,OOA 采用渗透于人类思维的组织方法来组织分析与说明。它使我们能在人类概括事物的三个基本方法(对象与属性,分类结构和组装结构)的框架上定义和交流系统的需求。

(3)提高了分析结果的内在一致性,由于将属性与服务作为内在整体来处理,因而减少了不同分析活动间的宽带(其他方法孤立地或不完整地处理属性和服务)。

(4)显示地表达共性,OOA 利用继承性来标识和获取属性与服务的共性。

(5)构造适应变动的说明,OOA 包装了问题领域构想内的易变信息,它对需求与类似系统的变动具有相对稳定性。

(6)为分析(做什么)和设计(怎样做)提供了一个一致而强有力的基本表示方法。

(7)重用分析结果,适用于系统,也能适用于系统开发中的调整和折中。

(二)多层次多组成模型

面向对象软件开发一般包括面向对象分析(OOA),面向对象的设计(OOD)和面向对象编程(OOP)。

1. OOD 四个组成部分

(1)人机交互部分。人机交互部分包括有效的人机交互所必需的实际显示和输入,如类 Windows,Pane 和 Selector 等。

(2)问题空间部分。面向对象分析的结构放在问题空间部分。在该部分中需要管理面向对象分析的某些类/对象、结构、属性和服务(方法)的组合与分解。

(3)任务管理部分。任务管理部分包括任务定义,通信和协调,也包括硬件分配,外部系统以及装置协议。

(4)数据管理部分。数据管理部分包括对永久性数据的访问和管理。它分离了数据管理机构所关心的事项(文件,关系型 DBMS 或面向对象 DBMS 等)。

2. OOA 五个层次

下面介绍一个汽车登记系统的例子,简单说明 OOA 的五个层次,以下几节将较详细地讨论其定义过程。

(1)主题层。主题是控制读者(包括分析者,设计者和用户)在同一时间所能考虑的模型规模的机制。

(2)对象层。对象是数据及专用处理的抽象,反映系统保存有关信息和与现实世界的交互能力。

(3)结构层。结构表示问题空间的复杂度,采用两种结构构造方法,一种是用分类结构描述类成员的构成,反映通用性和特殊性；一种用组装结构表示聚合，反映整体和组成部分。例如，汽车登记与执照系统中有两个分类结构（Legal 和 Vehicle）和一个组装结构（一个部门及其职员）。

（4）属性层。属性是用来描述一个对象或者一个分类结构实例的数据单元。属性在模型图中显示（列在对象和结构符号中部），并在对象库中说明，例如对象“Owner”有属性 Legal Name、Address、Telephone。此外用实线和相应符号表示对象或分类结构的实例与其他实例之间的对应关系（称为实例连接）。

（5）服务层。服务是收到消息之后所执行的处理。服务在模型图中标明（在对象或分类结构的底部），并在对象库中详细说明某些服务（如增加、删除、修改和选择等服务）都是隐含的，一般不在图中显示。对象的服务表示和属性一同封装处理，消息连接表示从一个对象发送消息到另一个对象，由那个对象完成某些处理。

（三）OOA 步骤

作为一个比较完整的方法，OOA 由如下五个步骤组成（缩写为 OSSAS）：

（1）标识对象/类。

（2）标识结构。

（3）标识主题。

（4）定义属性（及实例连接）。

（5）定义服务（及消息连接）。

一旦建立了模型，就可以用上面的五层模型来表示，即主题层，对象层，结构层，属性层和服务层。

最后汇集完整的 OOA 文档资料，完整的文本集应包含下列内容：

（1）五层 OOA 模型：主题，对象，结构，属性，服务。

（2）类/对象说明。

（3）辅助文档：关键执行线程表，附加的系统约束，服务/状态表。

(四)标识类/对象

1. 对象标识与命名

“类/对象”表示一个类和它的对象。对象的名称原则上应该能反映对象的实例的基本特征。

常用的方法包括：

(1)单个名词或形容词+名词。

(2)采用标准名称。

(3)尽量采用可读性好的名字。

2. 对象确定方法

问题空间，文字说明和图形都是有助于确定对象的素材。如何标识类/对象主要考虑如下几方面问题：

(1)应该观察问题空间并研究问题领域本身。问题空间是用户世界，所以，首先应该到用户工作现场做深入调查研究，积极听取问题领域专家的意见，反复理解问题，将问题定义清楚。

(2)研究文字说明材料。反复阅读用户提供的需求文档资料。阅读时，要重点注意名词，这些名词常常能提供对潜在对象的一些启示。

(3)要仔细观察各种图形表示。收集能拿到的任何图形表示，如方块图，接口图，系统部件图和高层次的数据/控制流图等，并用图符和它们之间的连线的方式画出问题空间的草图。

为了确定潜在的对象，需要确定问题空间的结构、有关系统、装置、所记忆的事件、所起的作用、地点和组织机构等，例如，在“汽车登记与执照系统”中，在某个时间，地点有人领取了执照，这是一个法律事件，必须记录在案。

假定已找到一个候选对象，又发现另一个可能成为对象的东西，那么是否应该将它作为对象加入到模型中去呢？这时应该考虑如下问题：

(1)必要的记忆,需要记住对象的一个实例的某些信息,例如,对象“用户”可能的属性包括:名字、口令、权限等。

(2)必要的服务,应该记住系统需要对该对象提供服务。

(3)有一个以上的属性。最好将那些只有一个属性的“对象”过滤掉,而将它作为其他对象的属性,而不是单独的对象。

(4)找出共同属性。

(5)找出共同服务。

初步定义对象后,还应该检查如下问题:

(1)有没有不必要的记忆。

(2)有没有不必要的服务。

(3)对那些只有单个实例的对象,要考虑是否确实有必要。

(4)有没有冗余信息。

(五)标识结构

结构在问题空间中表示复杂性,与系统任务直接相关,分类结构(Classification Structure)获得类-成员组织,也称一般-特殊结构或泛化-特化结构;组装结构(Assembly Structure)刻画整体-部分组织。这两种结构类型都是 OOA 方法的重要组成部分。

分类结构表达了人类的一种基本组织方式,大多数实践活动都涉及分类。使用分类结构,分析员通过显示地捕捉属性和服务的共性而获得效益,组装结构也表达了人类的一种基本组织方法,即自然的整体和部分的结构关系,从而把一些部分聚合构成整体。

对每个类/对象(甚至对正在在标识的类/对象)进行分析,以得到分类结构和组装结构。

(1)定义分类结构。将每个对象考虑成通用的,再考虑它在问题空间的各种可能的专用特性,并针对其专用性提出诸如:它属于该问题空间吗?它是该系统的任务吗?存在继承性吗?专用类满足类/对象的准则吗?等问题。

(2)定义组装结构。将每个对象考虑成一个组装,再考虑其组成问题,检查诸如:什么是它的部分或组成成分?系统需要跟踪它的一个部分的每个实例吗?它的一个部分的每一个实例都能用属性描述吗?该部分反映的是现实世界的部分性吗?该部分在所考虑的系统范围之内吗?等问题。

(六)标识主题

在面向对象分析中,主题是一种指导读者(包括分析员,管理员和用户)研究大型复杂模型的机制,这个机制可控制一个读者必须同时考虑的模型数目,同时也给出了OOA模型的总体概貌。标识主题所依据的基础是分类和组装所标识的问题空间的结构。

实际系统都存在大量的对象和结构。例如,"登记与执照系统"大约有25个对象(这要依据系统的规模)。任何方法及其应用能否成功,一个重要的标志是它应该提供好的通信条件以避免分析人员和用户的信息过量。

George Miller在文章"神奇的数字7+2:我们处理信息的能力的某种限制"中提出了著名的"7+2原则":Miller指出人类的短期记忆能力似乎限于一次记忆5~9个对象。面向对象分析从两个方面贯彻这一原则,即控制可见性和指导读者的注意力。

首先,通过控制分析人员能见到的层次数目来控制可视性,例如,在OOA五个层次中,可以只看对象层和结构层,也可以只考虑对象,结构和属性层,所以,分析工作可以在任何一个抽象层次上进行。

其次,可以对读者进行引导:OOA增加一个主题层,可以从一个相当高的层次来表示总体模型。主题层能知道读者观察模型,总结问题空间之内的主题。

何时引入主题,这要依赖于模型本身的复杂性,对一个较小的项目,主题层也许根本不需要;而对一个拥有较多对象(如几十个,上百个)的项目,则可以先标识对象和结构,然后标识主题,以便指导读者理解模型;但是对大型项目,则应该首先标识主题。

1. 选择主题

选择主题的主要工作如下:

(1)为每个结构增加一个相应的主题。

(2)为每个对象增加一个相应的主题。

(3)如果主题数目超过七个,则进一步精练主题。

一旦确定了对象和结构之间的连接关系,就可以将紧密耦合的主题组合起来以便得到更好的主题层。

2. 构造主题层

构造主题层的主要工作如下:

(1)列出主题及主题层上各主题之间的消息连接。

(2)对主题进行编号,为方便通信,每层都要形成一个按主题来分组的图。

(3)将主题画成一个小方框并取适当的名字,注意不要在主题层图中给出属性:在主题层上显示连接,以反映该主题和其他主题的关系。

(七)定义属性

在OOA中,属性用来反映问题空间和系统的任务。一个属性是一些数据(状态信息),它在类的每个对象中均有自己的值。定义属性的主要原因是属性能为“类/对象”和“结构”提供更多的细节,属性明确了一个对象或结构的名字的含义。

选择属性的过程包括分析和选择两步。选择属性应该选择那些与当前问题相关的特性,作为下一步定义这些属性上的服务,封装属性与服务的基础。值得注意的是,随着时间的推移,问题空间中的对象相当稳定,而对象内的属性却可能改变。

定义属性的主要步骤如下。

1. 属性识别与说明

首先,分析员必须回到主题,从对象的一般描述及对象在问题空间和系统责任范围内的描述中识别属性。然后,把每个属性附加到问题空间中与该属性所最直接描述的客观事物相对应的对象或分类结构上去。

说明属性主要通过名字、描述和属性约束,属性名应采用问题空间的标准词汇,并注意易读和易理解。每个属性加一两行描述。

例如"车辆登记与执照系统"中,系统可能知道车辆的颜色,但是颜色这个属性属于谁呢?车辆的颜色实际上是描述一个被漆成特定颜色的 Vehicle,尽管是在车辆注册登记时得到的,因此,属性"颜色"是描述 Vehicle 的一个实例。

2. 属性定位

属性定位是指利用分类结构中的继承机制确定属性的位置。如果有通用的和特殊的属性,则我们将通用属性放在结构的高层,特殊的放在低层。如果一个属性适合于大多数的特殊分类,则可将其放在通用的地方,然后,在不需要的地方将它覆盖(Override)。

3. 识别实例连接

实例连接是一个实例与另一个实例的映射关系,标识实例连接分三步完成。

(1)添加实例连接线。这种连接仅限于问题空间中那些系统必须维持的实例对应关系。

(2)定义多重性(Multiplicity)。多重性的符号在上节已作定义。

一个"Owner"的实例可以对应若干的"Legal Event"的实例。

一个"Legal Event"的实例也可以对应若干个"Owner"的实

例（如有合伙购买人）。

一个“Legal Event”的实例对应一个“Vehicle”的实例和一个“Clerk”的实例（职员负责他们所记录的法定事件）。

一个“Vehicle”的实例可以对应若干“Legal Event”的实例（可能有关购买，注册和发照等手续的许多法定事件）。

（3）定义参与性（Participation）。在每个方向上，检查对象间的实例连接是强制性的还是任意性的，即一个对象实例能否在相应的另一个对象实例不存在的情况下仍然有意义，或者说，连接是否有存在的必要，对强制性连接标上一条短线，对于任意性连接标上一个“O”符号。

Owner，Legal 和 Vehicle 之间的连接是强制性的，这些连接表明一个“Owner”实例与其对应的“Legal”，“Vehicle”和“Clerk”的实例之间的连接都是必需的。只有“Owner”实例而没有其他实例，系统就毫无意义。这就要求增加多个对象之间的相互制约，这种制约必须通过服务部建立和维护。

“Clerk”实例则可以有也可以没有对“Legal”实例的连接，这个连接不是必需的。在系统中，一个新职员可能还要等一段时间才能处理正式的法定事件，但是，可以先为它增加一个实例。

（4）检查特例。在加入属性和实例连接时，需要考虑特殊情况。

①属性特例。检查每个属性是否具有不合适的值。如果发现一个属性的值有时有意义，有时没有意义，那么就要重新审查分类结构，是否发现了另一个分类结构：检查仅带单个属性的对象，如果不是确实需要，那么应该简化之。

检查属性是否有冗余值。如果一个对象实例的某个属性可能有重复，那么应该考虑增加新的对象。

②实例连接特例。检查三个或更多的对象或结构之间的连接，例如“Legal”的实例与“Owner”和“Vehicle”的实例为任意性连接。检查多对多的实例连接，检查是否存在实际上是描述对象

之间连接(对应关系本身)的属性,这种情况意味着,该属性实际上不属于其中任何一个对象,而是当两者相连时用来描述对象之间的连接的。这样,就应该找出并引入一个表示“事件记录”的新对象。

检查相同对象或分类结构的实例之间的连接一个对象的实例可能与同一对象的其他实例存在实例连接,那么就检查之,看是否有描述性属性。如果没有,则单独使用这个连接;如果有,则引入一个描述该连接的新对象,检查两个对象或分类结构之间的多重实例连接。一旦发现两个对象之间存在多于一个的实例连接,则可能需要增加记忆事件的对象来描述其语义特征。

(八)定义服务

服务也称方法,可以简明地定义为:一个服务就是收到一条消息之后所执行的处理。服务进一步细化了现实的抽象表示,它表明某个类的对象能提供何种行为,最终每个数据处理系统都必须有“数据”和“处理”。前面主要讨论集中于系统的数据,本节的描述作用于数据的处理功能。

服务的中心问题是为每个对象定义所需要的行为。常用的行为一般分为以下三种:

(1)以直接原因为基础。

(2)以进化进程的相似性为主。

(3)以功能的相似性为主。

服务的第二个问题是定义对象实例间必要的通信。定义服务包括以下几个步骤:

(1)标识对象状态。每个对象经历从创建到释放等不同的状态,对象的状态由其属性值表示,属性值的变化反映了状态的变化,为了标识对象状态,要考虑属性的各种可能的值,并确定系统的责任是否已包括了这些值所表示的不同行为,要借鉴同样或类似的问题领域内以前的OOA结果。

(2)表示所需要的服务。所需要的服务可以分为简单算法服务和复杂算法服务两大类。简单算法服务可以应用于模型中的每个类＋对象，主要包括：创建(Create)、连接(Connect)、访问(Access)和释放(Release)。

创建(Create)——建立和初始化该类的一个对象。

连接(Connect)——将一个对象与另一个对象连接起来。

访问(Access)——取出或设置一个对象的属性值。

释放(Release)——释放(解除连接和删除)一个对象。

一般地，这四种服务占了系统所需要的服务的绝大部分。

复杂算法服务主要分两类：计算(Calculate 和监视(Monitor)。

计算(Calculate)——根据一个对象的属性值计算一个结果。

监视(Monitor)——监视一个外部系统或装置。处理外部系统的输入和输出，负责装置的数据获取和控制。

(3)标识消息连接。消息连接(message Connection)是指一个对象到另一个对象的映射，即“发送者”(Sender)对象向“接收者”(Receiver)对象发送一个消息，要求接收者完成某一处理，发送者的服务说明给出所需的处理名，而关于此处理的定义则在接收者的服务说明中给出消息连接的记号。

为了标识消息连接，必须对每个对象提出如下问题：

(1)它需要哪些对象提供方法？对每个这样的对象画一条指向它的箭头。

(2)有哪些对象需要它的方法？对每个这样的对象画一条从它发出的箭头。

(3)沿每条消息连接到下一个对象，重复考虑上述问题。

在应用该策略时，应注意的是从一个消息到另一个消息，再到一个消息的执行线程，这种执行线程有助于分析人员检查模型的完整性和确定实时处理需求。

(4)说明服务。Coad 和 Yourdon 给出了一个服务说明样板：

规格说明

属性

属性

外部输入
外部输出
对象状态图
附加约束
注记
服务＜名字与服务图＞
服务＜名字与服务图＞
可追踪代码
应用状态代码
时间需求
存储需求

样板中的每个服务都有一个服务图。服务图(Method Chart)是服务需求的图形表示,类似于框图。

(九)面向对象设计

1. 从 OOA 到 OOD

与传统的软件分析和设计不同,面向对象的设计(OOD)是面向对象分析的扩充,很难将 OOA 和 OOD 严格划分开来。从 OOA 到 OOD 实际上就是一个逐渐扩充这个模型的过程——面向对象分析主要模拟问题空间和系统任务;而面向对象设计则是对其进行扩充,主要是增加各种组成部分。

具体来说,OOA 与 OOD 有如下一些关系:

(1)OOA 识别和定义的类/对象,是一些直接反映问题空间和系统任务的;而 OOD 识别和定义的类/对象则是附加的,反映需求的一种实现(对话层,任务管理层,数据管理层)。这一点也反映了 OOA 和 OOD 的连续性,OOA 和 OOD 可以有相同的表示法。这是传统的软件分析与设计方法所没有的优点。

(2)OOA 在较高的抽象层次上进行,而 OOD 则在较低的抽象层次上进行:OOA 是独立于程序设计语言的,初步的 OOD 同样也在很大程度上与语言无关，但是详细的OOD则一般都会依赖于程序设计语言。

OOA的各层模型化了“问题空间”，而作为OOA各层的扩充，OOD则模型化了一个特定的“实现空间”，这种扩充主要从增加属性和服务开始。

这种扩充有别于从数据流图到结构图（或从数据流图到面向对象的表示）所发生的剧变，后者的变化是很突然的且永远不会连贯，这种方法没有将需求作为中心问题引入到设计；此外，需求和设计之间的追踪很困难且作用不大。

2. 从非面向对象分析到面向对象设计

如果设计人员拿到的是一个非面向对象分析的需求说明，则应快速（一般是1～4周）开发一个OOA模型，用服务说明去跟踪所得到的需求说明中的功能。消除用这种方法未曾发现的漏洞。然后进行初步面向对象的设计，再借助用于实现的程序设计语言进行详细的面向对象设计。

3. OOD准则

在面向对象的应用中，类实例是系统的主要组成部分，而且如果采用纯面向对象的方法，那么整个系统就是由类实例组成的。下面列出一些设计类时应考虑的因素和应遵循的准则。

（1）类的公共接口的单独成员应该是类的操作符。

（2）类A的实例不应直接发送消息给类B的成员。

（3）操作符是公共的当且仅当类实例的用户可用。

（4）属于类的每个操作符要么访问要么修改类的某个数据。

（5）类必须尽可能少地依赖其他类。

（6）两个类之间的相互作用应是显式的。

（7）采用子类继承超类的公共接口，开发子类成为超类的专用接口。

（8）继承结构的根类应是目标概念的抽象模型。

前四种着重考虑类接口的适当形式和使用，后四种着重考虑类之间的关系。

4. OOD 的步骤

面向对象的设计(OOD)主要有如下步骤：

(1)指出对象及其属性。

(2)指出可能适用于对象的服务。

(3)说明对象及服务。

(4)确定将为对象提供实现描述的详细设计问题。

(5)细化 OOA 的工作，找出子类，消息特性和其他详尽的细节。

(6)表示与对象属性关联的数据结构。

(7)表示与每个服务关联的过程细节。

第四节 标准建模语言 UML

(一)Booch、OOSE、OMT 与 UML

自从面向对象方法出现以来，各种面向对象的建模语言如雨后春笋般出现，从 20 世纪 70 年代中期到 20 世纪 80 年代末期，出现了最初的面向对象的建模语言，独立的建模语言从 1989 年的不到 10 种猛增到 1994 年的 50 多种，比较成功的面向对象建模方法包括 OOSE，OMT-2 和 Booch'93 方法等。

Booch'93 是 Grady Booch 在 1993 年提出的一种面向对象建模方法。他将面向 Ada 的工作扩展到整个面向对象的设计领域，它更注重工程的设计和构造阶段，在开发工程密集的应用方面具有优势。OOSE 方法是 Ivar Jacobson 在 1994 年提出的，其最大特点是面向用例，对商业工程设计和需求分析提供了良好的支持。OMT 是 James Rumbaugh 等人提出的一种对象建模技术，

OMT方法便于分析和开发数据密集的信息系统。

但是，这些建模语言和方法是针对不同的应用而发展起来的，都存在一定的局限，而且不同的语言具有各自的优缺点，那么有没有一种标准的，统一的，支持各种应用开发的建模语言呢？作为Booch，OMT和OOSE方法的创始人，Booch，Rumbaugh和Jacobson等自1994年10月开始研究统一建模语言工作，他们综合了各自所提出的面向对象方法的优点，1996年共同提出一种统一的标准建模语言UML(Unified Modeling Language)。

与Booch，OMT，OOSE等其他方法相比较，统一建模语言具有更强的，更清晰的表达能力，具有一致表示方法，因此，它的应用领域更广且效果更好，可以使工程在更广的范围内建模(无论是商业、工程、数据密集型等领域)。UML出现的原因意义主要有以下三点。

(1)现存的各种方法有许多相似之处，通过开发UML，消除可能会给使用者造成混淆的不必要的差异，统一标准是非常有意义的。

(2)通过统一建模语言的语义和表示法，可以方便面向对象技术推广，可以稳定面向对象技术的市场，方便技术的交流和合作。

(3)通过统一工作研究，对前一阶段的研究成果进行整理，使所有的方法更进一步，积累已有的经验，解决以前没有解决好的问题。

(二)UML的组成

作为一种语言，UML的基本组成包括UML的表示法和UML的语义，即通常所说的一种语言的语法和语义。

UML表示法：定义UML中使用的符号以及符号的表示方法，为开发者或开发工具使用这些图形符号和文本语法为系统建模提供了标准。这些图形符号和文字所表达的是应用级的模型，在语义上它是UML元模型的实例。

UML 语义：描述基于 UML 的精确的元模型定义。元模型为 UML 的所有元素在语法和语义上提供了简单、一致、通用的定义性说明，使开发者能在语义上取得一致，消除了因人而异的表达方法所造成的影响，此外 UML 还支持对元模型的扩展定义。

UML 是一种图示的建模语言，因此它的核心表示方法就是图表，在 UML 中主要有下列五类图，要用好 UML 就必须学会绘制和使用这五种图。下面介绍这五种图。

1. 用例图(use case diagram)

用例图是描述用户与系统之间关系的图，将系统看成一个黑盒，用户向这个系统提出要求，系统完成处理返回结果给用户。

用例图是描述从用户角度看待的系统特性，用于系统的需求分析阶段。从用户角度描述系统功能，并指出各功能的操作者，是一个黑盒的功能模块图，主要用于进行系统功能的描述，一般在系统需求分析阶段使用。

2. 静态图(Static diagram)

包括类图，对象图和包图。

(1)类图以形象地描述面向对象中类的静态结构。不仅定义系统中的类、表示类之间的联系(关联，依赖，聚合等)，也描述类的内部结构(类的属性和操作)。类图描述的是一种静态关系，在系统的整个生命周期都是有效的。

(2)对象图是描述对象的，对象是类的实例，因此对象图是类图的实例，几乎使用与类图完全相同的标识。不同点在于对象图显示类的多个对象实例，而不是实际的类。由于对象存在生命周期，对象图只能在系统某一时间段存在。

(3)包图由包或类组成，表示包与包之间的关系，包是表示一个集合的概念，用于描述已经分类的元素集合，包图用于描述系统的分层结构。

3. 行为图(Behavior diagram)

行为图是描述系统中各种行为的图,可以描述任务的操作,对象的状态转换,是 UML 中用于描述动态模型的工具,包括状态图和活动图。

(1)状态图描述系统中对象的各种状态,以及各种状态之间相互转换的关系,方便对特定的对象进行分析。通常,状态图是对类图的补充。并不需要为所有的类画状态图,只有那些比较复杂,和外界交互比较多的对象才画状态图。

(2)活动图描述满足用例要求所要进行的活动以及活动间的约束关系,有利于识别并行活动,通俗来说,就是要完成一项工作,需要完成一系列的其他任务,对这个序列的描述就是活动图,类似于流程图。

4. 交互图(Interactive diagram)

描述对象间的交互关系。包括顺序图和合作图。

(1)顺序图显示对象之间的动态合作关系,对象之间的交互具有很强的时间顺序概念,它强调对象之间消息发送的顺序,同时描述对象之间存在的交互关系。

(2)合作图描述对象间的协作关系,包括对象之间的消息传递,对象之间的链接关系,与顺序图不同,它所描述的交互关系不能反映时间上的顺序关系。

合作图跟顺序图相似,都描述对象间的动态合作关系。如果强调时间和顺序,则使用顺序图,如果强调对象间的链接关系,则选择合作图。

5. 实现图(Implementation diagram)

实现图包括构件图和配置图,都是用来描述实现阶段软件和硬件上的配置和相互关系。

(1)构件图描述代码部件的结构及各部件之间的依赖关系，从整体上对代码结构进行分类划分，方便对软件结构的理解。一个部件可能是一个资源代码部件，可以是一个功能模块。部件图有助于分析和理解部件之间的相互影响程度。

(2)配置图定义系统中软硬件的物理体系结构，它描述系统中的设备要求，设备的具体组织关系，以及软件在设备上的具体区别以及相互的关系。

用节点表示设备，在节点内部，放置可执行部件和对象以显示节点跟可执行软件单元的对应关系。

(三)UML的结构和图符表示

1. UML表示方法

UML提供了三类基本的标准模型建筑块：事物，联系和图形。

(1)事物。事物是构成模型的元素，如对象类、包、交互、注释等。事物分为：结构性事物、行为性事物、成组性事物和注释性事物。结构性事物指模型中的静态部分，如对象、用例等，行为性事物指模型中的动态部分，如交互、状态等；成组性事物指模型中的组成结构，如包；注释性事物指模型的解释说明部分，如注释。

(2)联系。建筑块的联系有四种：依赖、关联、泛化和实现。依赖指模型建筑块之间的一种语义联系，其中一个事物发生改变时，它的依赖事物将会随着改变。关联是指模型建筑块之间的结构关系，如组成关系。泛化是指模型建筑块之间的一般和特殊的联系。实现是指模型建筑块之间的语义联系，一个定义约定，一个对约定进行实现，接口和接口的实现类之间就是这种联系。

(3)图形。图形是UML中定义的模型建筑块的图形表示，如对象图、类图、包图、组件图等。

2. UML 语言的公共机制

UML 中规定了语言的四种公共机制：说明、装饰、通用划分和扩展机制。

这些公共机制可以应用到模型的各个元素当中，对模型元素的特征进行描述，但是不同的模型元素，可供使用的公共机制的内容是不同的，比如说对类的说明中，类方法的可见性（private，public）描述是装饰。

(1)说明。UML 模型中如果只有图形，开发人员也许只能像欣赏一幅图画般猜测作者的意思，UML 中为每一个图形都定义了文字说明机制，例如描述一个类，在类图标中说明类的属性和方法等。

(2)装饰。装饰性说明是对模型中元素的非主要特性进行说明，如可见性说明。

(3)通用划分。对 UML 的事物规定了两种划分：一种是抽象和具体的划分，如对象类和对象实例。另一种是说明和实现的划分，如接口声明和接口的实现。

(4)扩展机制。UML 中的扩展机制允许 UML 的使用人员根据需要自定义一些构造性的语言成分，如约束说明等。

3. 基本图形元素

UML 是一种图形化的语言，因此 UML 为每一个模型元素规定了特定的图形表示符号，这些形象的符号帮助用户识别各种不同的元素，保证模型的整洁美观。在 UML 的核心包中定义了以下几种主要的元素符号，如对象、用例、数据类型、信号、子系统、节点等。除了定义这些模型元素图符外，UML 中还定义了模型元素之间联系的符号，如依赖、关联、泛化、实现等。

说明：上面列举的是一些经常使用到的符号和这些符号的一些常规说明，UML 不同的图可使用的图符元素是不同的，上面的图符有的可以在不同种类的 UML 图中使用，这时它们所表示的意义就会有所不同,应该具体分析。

(四)UML应用领域与建模步骤

1. UML的应用领域

UML的目标是以面向对象图的方式来描述任何类型的系统,是一种统一的建模语言,它不局限于软件开发,而具有很宽的应用领域。UML最常用的用途是建立软件系统的模型,它还可以用于描述非软件领域的系统,如机械系统、企业机构或业务过程以及处理复杂数据的信息系统,具有实时要求的工业系统或工业过程等。总之,UML是一个通用的标准建模语言,可以对任何具有静态结构和动态行为的系统进行建模,UML是一种较完整的建模语言,因此它支持建模过程的各个阶段,对于软件开发来说,无论是需求分析阶段,还是设计阶段,或是最后的安装调试,测试阶段,UML都可以提供很强的支持。

2. UML的建模步骤

采用面向对象技术设计系统的一般模型如下:

(1)描述需求,即需求分析阶段。

(2)根据需求建立系统的静态模型,以构造系统的结构。

(3)详细设计,描述系统的行为,对系统设计进行细化。

(4)系统的实现。

其中第(1)步与第(2)步中建立的模型部是静态的,包括用例图、类图(包含包)、对象图、组件图和配置图等五种图形,是标准建模语言UML的静态建模机制。第(3)步中建立的模型或者可以执行,或者表示执行时的时序状态或交互关系,它包括状态图、活动图、顺序图和合作图四种图形,是标准建模语言UML的动态建模机制,标准建模语言UML的主要内容也可以归纳为静态建模机制和动态建模机制两大类。

(五)UML 的静态建模

静态建模机制描述模型的静态特性,我们对现实世界的认识首先是从静态开始,识别外部世界的事物、对象以及关系,然后才能够研究它们的动态特性、交互和状态转换等。UML 的静态建模机制如下:

用例图(Use case diagram)。

类图(Class diagram)。

对象图(Object diagram)。

包(Package)。

构件图(Component diagram)。

配置图(Deployment diagram)。

1. 建立用例模型

长期以来,在面向对象开发和传统的软件开发中,人们都是根据典型的使用情景来了解需求的。但是,这些使用情景是非正式的,没有相应的工具支持,因此不规范,容易导致错误。

用例模型(Use case model)由 Ivar Jacobson 在开发 AXE 系统中首先使用,并加入由他所倡导的 OOSE 和 Objectory 方法中,用例方法引起了面向对象领域的极大关注,自 1994 年 Ivar Jacobson 的著作出版后,面向对象领域已广泛接纳了用例这一概念,以前的需求分析就可以用它进行描述,可以规范化和形式化地表示处理,用例模型被看作是第二代面向对象技术的标志。

1)用例模型的主要组成部分

用例模型主要包括用例和执行者。

(1)用例(Use case)是用户与计算机之间的一次典型交互作用。描述的是系统提供给用户的一个完整的功能,在 UML 中用例被定义成系统执行的一系列动作,与活动图不同,动作执行的结果能被指定执行者察觉到,这一系列动作的起点和终点是用户,在 UML 中,用椭圆表示用例。

(2)执行者(actor)通称为用户,执行者是指用户在系统中所扮演的角色,在UML中用一个图形化的小人表示。但执行者不一定是一个人,执行者表示的是和系统进行交互的所有外部系统,包括人、其他软件系统和设备等。

下面以库存管理系统为例,用户向系统请求货物入库操作,系统经过一系列的操作后完成入库操作,并返回结果给用户。这里,系统提供的货物入库功能就是一个用例,用例是不用了解具体的执行操作的,因为用户不需要知道系统如何实现,只要求完成货物入库的功能即可。

概括来说,用例有以下特点:

用例描述用户对系统提供功能的要求,一个用例表示一项系统功能,实现一个具体的用户目标。用例与用户直接交互,起点和终点是用户,用户提出要求,系统返回结果。用例可大可小,可以是一个很简单的操作,也可以是一个由很多操作共同完成的功能,它必须是用户要求的一个完整的功能。

前面介绍了执行者和用例的关系,其实,用例和用例之间也存在着相互关系,主要包括使用(Use)和扩展(Extend)关系。使用和扩展是两种不同形式的继承关系。使用关系就是当一个用例中需要使用到其他用例的功能,类似于功能模块的调用关系,这时它们之间的关系就称作用例的使用关系,当有一大块相似的动作存在于几个用例,又不想重复描述该动作时,可以把这些动作抽取处理,单独定义为一个用例,就可以用到使用关系。

所谓用例的扩展关系,就是对于一个用例,有另外的一个用例在第一个用例的基础上增加一些新的特性,如动作和规则等。就得到了一个扩展的用例,它们之间的关系就是用例扩展关系。

2)用例模型的建立步骤

下面简要介绍用例模型的建立步骤,用例模型是帮助进行需求分析的,需求分析是软件开发的第一步,是必不可少的也是非常重要的。

(1)获取执行者。获取用例首先要找出系统的执行者:对于复杂的系统,不能轻易地识别用例,而对执行者的识别有助于用例的识别,可以通过用户回答一些问题的答案来识别执行者,以下问题可供参考:①有哪些人使用系统;②与系统相连接的设备,或其他系统有哪些;③谁来维护和管理使系统正常工作;④系统有哪些输入和输出;⑤系统需要与其他哪些系统交互(包含其他计算机系统和其他应用程序);⑥对系统产生的结果感兴趣的人或事物有哪些;⑦企业中有哪些不同职能的雇员。

通过对这些问题的回答,从中筛选出与系统进行交互的外部实体,形成系统的执行者。

(2)获取用例。一旦获取了执行者,就可以从执行者角度出发,识别与执行者相关的用例,可以对每个执行者提出问题以获取用例,以下问题可供参考:

①执行者要完成哪些工作?

②系统的输入和输出是什么,中间要经过哪些操作,输入从何处来?输出到何处?

③执行者需要读取、产生、删除、修改或存储的信息有哪些类型?

④当前运行系统(也许是一些手工操作而不是计算机系统)的主要问题?

一个用例必须至少与一个执行者关联,因此,如果系统中存在单独的执行者或单独的用例,就需要注意,是不是还有没发现的执行者或用例,另外,一个系统的用例规模,不同的设计者规划出来的是不同的,例如一个规模相同的项目,有的人设计出来的有20个用例,而有的人设计出来的有50个用例,这不能说谁对谁错,主要是大家对问题的提炼不同。

对于用例的规模,要在系统规模和用例规模之间保持二者间的相对均衡,不要将简单问题复杂化,也不要将复杂问题简单化。

2. 类图和对象图的表示

类图(Class Diagrom)描述类的特性和类与类之间的静态

关系。

类中的属性描述了类的状态数据。类中的方法,描述了类提供的服务。类是一种抽象的概念,类的实现是对象,对象是类的实例。类图是定义其他图的基础,在类图的基础上,状态图、合作图等进一步描述了系统其他方面的特性。

对象(Object)是类的实例(Instance),是描述和理解客观世界的基础。通常用对象描述客观世界中某个具体的实体,例如,在库存管理系统中,有仓库管理员对象、采购员对象、库存对象等等。系统就是在这些对象的相互作用中结合为一个系统,完成相应的功能。

类描述一类对象的属性(Attribute)和行为(Behavior)。

在 UML 中,类的可视化表示一个划分成三个格子的长方形(下面两个格子可省略)。

每一个类都有一个类名,根据类名对类进行标识和区别,在类的图形中,最顶部的格子描述了类的名字,类的命名应尽量用应用领域中的术语,应明确且无歧义,这样建立的模型才能够与现实系统保持对应关系。例如,如果现实系统中存在仓库管理员这个对象,那么系统模型中对应的类的名字最好也采用仓库管理员这个名字。

当然,类的标识是一个比较复杂的过程,需要与领域专家合作,根据领域经验知识,抽象出领域中经常出现的类,并用领域中的术语为类命名。

1)类的属性(attribute)

在类图中,中间的格子包含类的属性,用以描述该类对象的共同特点,如仓库管理员对象的姓名、年龄、工作时间等,这些信息都描述了这类对象特征。该项可省略,根据图的详细程度,每条属性可以包括属性的可见性(即可访问性)、属性名称、类型、缺省值和约束特性,UML 规定类的属性的语法为:

可见性　属性名:类型=缺省值　{约束特性}

常用的可见性有 Public、Private 和 Protected 三种,在 UML

中分别表示为“＋”、“－”和“＃”。类表示属性的数据类型，可以是基本数据类型（整数、实数、布尔型等），也可以是用户自定义的类型，一般由所涉及的程序设计语言确定。

约束特性是用户对该属性性质一个约束说明。例如“{只读}”说明该属性是只读属性。

2）类的操作（Operation）

操作是类所提供的服务，这些服务可以是完成一定的计算，也可以是完成属性的修改和检索。一个类可以没有操作，没有操作的类只能起到保持数据的作用。操作通常也被称为功能，它被限定在类的作用范围内，只能作用到该类的对象上，我们用操作名、返回类型和参数表来描述类的一个操作。

UML 规定操作的语法为：可见性 操作名（参数表）：返回类型{约束特性}

这里的可见性与属性的可见性定义一样，操作名是类的一个操作标识，请求服务时根据操作名和参数来识别一个操作，在请求服务时通过参数表向这个操作传递信息。返回类型是指操作完成后返回结果的数据类型，这里的数据类型和属性中的数据类型的定义一致。

“仓库管理员”类中有“货物入库”操作，其中“＋”表示该操作是公有操作，调用时需要参数“货物编号”和“货物数量”，“货物编号”参数类型为 int 整型，返回值是 bool 型。

3）类的关系

类图不仅描述了类的定义，类的属性和方法，还描述了类与列之间的相互关系，这些相互关系包括关联关系、继承关系和依赖关系等。将类定义好之后，就可以在图中将类与类之间的相互关系表示出来。

关联（Association）关系：表示两个类之间存在某种语义上的联系。常见的关联有表示物理位置的关联（如比邻和包含等），有表示动作传递的关联（如驱动和发动等），表示通信联系的关联（如告诉、通知、显示等），表示所有关系的关联（如拥有）。关联的范围很广。例如,一个仓库管理员管理一个仓库,仓库中有各种各样的货物,这个公司和各个供货商有供货的关系。由此仓库管理员、仓库、货物、供货商之间存在着一定的关联关系,在分析和设计这个系统的类模型的时候,要在图上把它们的这些联系描述出来。

聚集(Aggregation):聚集是一种特殊的关联,如果类之间具有整体和部分的关系,就采用聚集关联来描述,例如一辆轿车包含四个车轮、一个方向盘、一个发动机和一个底盘,这是聚集的一个例子。在仓库中有各种各样的货物,这些都是一些整体与部分的关系。在需求分析中“包含”、“组成”、“分为……部分”等经常设计成聚集关系。聚集的表示方法是在关联线上,靠近有整体概念的一端,增加一个空心的小菱形。

构成整体的对象也许还参加了其他整体对象的构成,这样的聚集称为共享聚集(Shared Aggregation)。例如,课题组包含许多成员,但是每个成员又可以是另一个课题组的成员,即部分可以参加多个整体,称之为共享聚集。另一种情况是整体拥有各部分,整体由各个部分组成为一个系统,各个部分对于整体来说缺一不可,例如上面说到的汽车,由车轮和发动机等组成,如果缺少了其中的一个部分,就不再是汽车了,这样的一种关系,称之为组成(Composition)。在UML中,聚集表示为空心菱形,组成表示为实心菱形。

继承:是面向对象方法最基本的概念,也是非常重要的概念。我们在认识事物的时候,习惯将事物划分为类,在类的划分过程中,形成了类树。例如,动物可分为飞鸟和走兽,人可分为男人和女人。在面向对象方法中将前者称为基类或父类,将后者称为子类。继承定义了一般元素和特殊元素之间的分类关系:

在UML中,继承用一头是空心三角形的连线表示。将客户进一步分类成一般客户和VIP客户,使用的就是继承关系。

依赖(Dependency):如果元素 X 的变化会引起 Y 的变化,我们说 Y 对 X 存在着依赖关系,则称元素 Y 依赖(Dependency)于

元素 X,在类中,依赖关系是通过类之间的消息,类之间的互操作维持的,例如当汽车的油箱中没油的时候,油箱可以给油量表发消息要它更新显示,以反映当前的状态。

4)类图的抽象层次和细化(Refinement)

对于不同的开发阶段,需要类的细节程度是不同的。在系统分析阶段,不需要描述类的实现细节,而在系统实现阶段,就要将类描述得越详细越好,细化是 UML 中的术语,是对事物的更详细描述,两个元素 A 和 B 描述同一件事物,若元素 B 是在元素 A 的基础上的更详细的描述,则称元素 B 细化了元素 A。可以说,分析阶段的类图到设计阶段的类图就是一个细化的阶段,细化主要用于模型之间的关系,表示开发各阶段不同层次抽象模型的相关性,常用于跟踪模型的演变。

细化用一个空心三角形加一条虚线表示。三角形指向的是被细化的对象。“设计类”是“分析类”的细化,设计阶段的类对细节的描述比分析阶段的类要详细。

为了指导类图细化,将类图分为三个层次,分别是概念层,说明层,实现层。这种观点并不局限于类图,在其他模型中也可以采用细化的方法。

(1)概念层(Conceptual)类图是最粗糙的类图,这是类图的第一个阶段成果,描述的是应用领域中的概念,主要任务是对象类的识别。事实上,一个概念模型应独立于实现它的软件和程序设计语言。

(2)说明层(Specification)类图描述软件的接口部分,这个层次是分析阶段的产物,在这个层次,描述了类的属性、类的方法以及各个类之间关联。但是并没有描述这些方法、服务以及关联的具体实现。可以用一个类型(Type)描述一个接口,这个接口可能因为实现环境、运行特性或者用户的不同而具有多种实现。

(3)实现层要针对具体的环境,将类的接口和类之间的关联用具体的编程语言描述出来。这可能是最常用的类图,但在很多时候，说明层的类图更易于开发者之间的相互理解和交流。

5)对象图

UML 中对象图与类图具有相同的表示形式。对象是类的实例，因此也可以将对象图看作是类图的一个实例。对象与类的图形表示相似，对象图常用于表示复杂类图的一个实例。

6)包图(Package)

包图(Package)是将许多相关的元素集合在一起，形成一个包，包也是一种基于分类和综合的思想，它是比类图更高层次的划分，划分和综合帮助将大系统拆分成小系统。UML 中的包是许多类组合成一个更高层次的单位，形成一个高内聚低耦合的类的集合。

(六)UML 的动态建模机制

1. 消息

在面向对象方法中，把向对象发出的服务请求称为消息，对象间的交互是通过对象间消息的传递来完成的。

消息的应用保证了面向对象方法的封装性，例如在库存系统中，如果仓库管理员要完成“统计库存货物”的功能，它就向“库存”对象发送消息，请求“统计库存货物”这个服务，这里库存管理员是消息的发送者，库存对象是消息的接收者。在 UML 的四个动态模型中均用到消息的概念。

对象通过相互间的通信(消息传递)进行合作，并在其生命周期中根据通信的结果不断改变自身的状态。用带有箭头的线段表示消息。并且将消息的发送者和接收者联系起来。UML 中定义的消息类型有的三种符号。

简单消息(Simple Message)表示简单的控制流。它表示的是控制从一个对象转移到另一个对象中，而不关心通信的细节(内容)，这种消息用于简单的控制转移，如服务完成后，控制返回服务请求者的消息。

同步消息(Synchronous Message)表示嵌套的控制流。这类似于串行程序中的过程调用,调用者必须等待调用返回后才能继续进行其他工作,操作的调用是一种典型的同步消息。

异步消息(Asynchronous Message)表示异步控制流。这种消息出现在并行程序中,当调用者发出消息后不用等待消息的返回即可继续执行自己的操作,而消息的接收者可以以并行的方式处理请求者的要求,当完成服务后,同样可以以一个异步消息通知请求者服务的完成。

2. 状态图(StateDiagram)

一个对象的属性值的不同组合就反映了对象的不同状态。在面向对象方法中,为了清晰地描述一个对象,不仅要描述它的静态特征,还要描述它的动态特征。状态图(State Diagram)用来描述一个特定对象的动态特征,状态图描述了对象的各种状态及各种状态之间的转换关系,一个状态图包括一系列的状态以及状态之间的转移。

1)状态是在某一时刻的对象属性的集合,是对象执行了一系列活动的结果,所有对象都具有状态。对对象施加某种操作或当某个事件发生后,对象的状态将发生变化。例如货物入库,则库存对象的状态将发生变化,状态图用来反映对象对事件的反应,状态图中有一个起点,可以有多个终点,定义起点状态为"初态",终点状态为"终态",其他的为"中间状态"。

2)转移。对象状态的变化称为状态的转移:状态图用两个状态之间带箭头的连线表示,状态的转移通常是由事件触发的,应该在转移上标出触发转移的事件表达式。有的状态转移的触发,是由于内部的事件触发的,这时可以不标明事件。

3. 顺序图(Sequence Diagram)

顺序图(Sequence Diagram)用来描述对象之间动态的交互关系,有很强的时间顺序性,说明对象之间何时发送消息,何时返回，以及各种消息之间的先后关系。各个对象只有严格地按照这样的消息序列，才能正确地完成系统的功能。

顺序图存在两个轴，水平轴表示不同的对象，垂直轴表示时间。用一个带有垂直虚线的矩形框表示对象，在框中标出对象名称。垂直虚线是对象的生命线，表示对象的生命期。对象间的交互通过对象的生命线间的消息表示，消息的箭头指明消息的类型。

一条消息表示一次对象间的交互，消息可以使用各种不同的机制来实现，只要能把消息的内容正确地进行传递，各种各样的IPC机制（包括socket、信号、消息），操作调用或类似于C++中的RPC（Remote Procedure Calls）和Java中的RMC（Remote Method Invocation）等机制都可以用来传递消息。当收到消息时，对象被激活，并且开始对消息进行相应的处理。在对象生命线上的一个细长矩形框表示对象的激活。

4. 合作图（Collaboration Diagram）

与顺序图相似，合作图（Collaboration Diagram）也是反映系统的动态特性，反映对象之间的消息交互。与顺序图不同的是，合作图不但描述了对象之间的交互而且还描述了交互的对象之间的链接关系。

虽然顺序图和合作图都用来描述对象间的交互关系，但侧重点不一样。如果要反映对象之间交互的时间和顺序性，则使用顺序图。如果要反映对象之间的交互的同时，要体现对象之间的静态链接关系，即同时反映系统的动态和静态特征，则采用合作图。合作图中对象的描述和顺序图中的一样。按照类图和对象图中链接的表示方法描述合作图中的链接关系，并将对象之间的消息描述在连接线上来描述对象之间的交互作用。在合作图中将系统的静态和动态特性描述在一起，在一定程度上有利于从整体图形把握系统中对象之间的关系。

5. 活动图(Activity Diagram)

活动图描述的是一个连续的活动流,这些连续的活动流组合起来,共同完成系统的某一项功能。

1)活动和转移

活动图由各种活动状态(action state)构成,每个活动状态说明一个可执行动作,当一个活动完成后,控制就转移到下一个活动。一项操作可以描述为一系列相关的活动。活动仅有一个起始点,但可以有多个结束点。活动间的转移可以使用逻辑表达式来确定转移的方向,可以使用的转移决策机制有 guard-condition, send-clause 和 action-expression,它们的使用方法和在状态图中的使用方法相似。

2)泳道

泳道用来组合活动图中的活动,可以为泳道描述一个对象,说明泳道中的活动都是由这个对象负责,这样就把分散的各个活动与特定的对象结合起来,方便对活动的查找。用一个矩形框来表示一个泳道,在矩形框的顶部说明负责的对象名称,这样就可以将由这个对象负责的要在活动图中描述的各种活动放入到这个矩形框中。

有三个活动,"更新显示"由 Displayser 对象负责,Sampler 对象负责"初始化"和"测量"活动。

3)对象

可以在活动图中描述对象,用活动与对象之间的虚线箭头来表示对象与活动之间的输入/输出关系,例如,"测量值"对象有"测量"活动创建,不带箭头的虚线仅表示对象受到某一活动的影响。

4)信号

在活动图中表示信号的发送与接收,有两个与信号相关的符号,一个表示发送信号,一个表示接收信号,如果将信号和图中的对象结合起来,则可以表示对象的消息发送,消息接收,这时的对象就成为消息的接收者和发送者了。

第五节　Rational Rose

Rational Rose 是进行 UML 建模的可视化 CASE 工具，Rose 是在软件工程专家 Booch、Jacobson、Rumbaugh 等人的主持下由 Rational 公司开发的，而且 UML 也是在上面三位专家倡导建立的，所以说 Rational Rose 是对 UML 支持最好的 CASE 工具。

Rose 工具集中体现了当代软件开发的先进思想，把面向对象的建模和螺旋上升式的开发过程相结合，支持最新 UML 标准，并且 Rose 工具中集成了许多的软件技术，并且支持团队开发、支持代码的自动生成（如 Java、C++、VISUALBASIC、Oracle 等的代码生成），与多种外部程序进行联系，如版本管理程序等，为软件系统的开发提供了一个全面的支持环境。

RUP（Rational Unified Process）是 Rational 公司提出的面向对象的软件开发过程，RUP 是针对 UML 建模技术而发展的一种开发过程模型，UML 与 RUP 的结合可以相得益彰。Rose 提供了对 RUP 和 UML 的完善支持。

对于代码的自动生成，Rose 提供了对几种主流开发工具的支持，这些代码生成模块是以插件的形式提供，主要有下面几种：MS Visual C++、MS Visual Basic、Smaltalk、Ada、Java、SQL、Oracle8、Power Builder 等，在 Rose 中使用 UML 建立好系统的模型后，这些插件会将描述的模型元素转变为相应的开发语言的描述，加速了系统的开发过程。

Rose 的逆向工程功能，除了提供由模型到程序代码的自动生成外，Rose 还提供了由程序代码到再现系统模型的逆向工程功能：对代码进行修改以后，Rose 的这个功能可以保证模型和代码的一致性，对于没有模型的系统，可以通过 Rose 重构系统模型，帮助分析和理解系统。

现在 Rose 已经发展成为一套系统的软件开发工具，对软件工程的全过程进行支持，包括系统建模，模型集成，代码生成，软件系统测试，软件文档生成，逆向工程，软件开发的项目管理，团队开发管理等，其主要特点如下：

(1)强有力的浏览器，用于查看模型和查找可重用的组件。

(2)可定制的目标库或编码指南的代码生成机制。

(3)既支持目标语言中的标准类型又支持用户自定义的数据类型。

(4)保证模型与代码之间转化的一致性。

(5)通过OLE连接，Rational Rose图表可动态连接到Microsoft Word中。

(6)能够与Rational Visual Test，SQA Suite和So DA文档工具无缝集成，完成软件生命周期中的全部辅助软件工程工作。

(7)强有力的正/反向建模工作。

(8)缩短开发周期。

(9)降低维护成本。

(一)Rational Rose的主要功能

1. 对面向对象建模

对面向对象建模的支持是Rose的主要功能，Rose的发展过程当中，对Booch方法和OMT都有很好的支持。随着UML的发展，Rose的重点也转移到对UML的支持上来，但仍然保持了对Booch和OMT方法的支持。

Rose对面向对象的支持体现在对面向对象的概念和成分的支持。如面向对象方法领域相关的概念：对象类、对象、用例、状态、子系统、处理器、对象之间的关系，以及各个元素之间的相互联系。

在对UML的支持中，支持用例图，支持静态建模和动态建模，建立系统的逻辑模型和物理模型。可以在Rose中创建包图，用例图、对象类图、对象图、交互图、活动图、组件图、配置图。除了这些标准的UML图外，还支持对象消息图、消息跟踪图、过程图、模块图。虽然有的不是UML中的标准，但这些图都有自己的优势，Rose中将其保留下来，开发人员可以根据实际情况有选择地采用。

Rose除提供简单的图形绘制功能外，还可以根据图形元素的语义进行一致性的维护。例如，当某一种图形元素改变时，Rose会根据情况，将与此元素相关的其他元素进行相应修改，而不需要用户进行多次修改。

2. 对往返工程的支持

Rose提供对往返工程(Round-Trip Engineering)的支持，在以往的软件开发过程中，项目的开发流程是单向的，当前工作完成并且经过审核确认之后才能进入下一个阶段的工作，并且不会对经过审核确认的工作进行修改，后来提出的软件过程模型虽然有了回退进行修改的概念，但是就CASE工具而言，还没有支持往返工程进行回退修改的工具。

Rose对往返工程的支持主要体现在代码生成、逆向工程、区分模型差异和设计修改等机制上，这些机制的共同目的就是实现代码的自动生成和根据代码的修改更新系统模型，代码生成是根据模型生成实现模型的程序代码框架，没有任何一种工具可以生成完整的应用程序代码。Rose可以对下面的模型元素进行识别和代码生成：

(1)类(Class)在代码中生成模型中的所有类。

(2)属性(Attributes)代码中包括每个类的属性，包括对属性的类型说明，可见性等。

(3)操作(Operation)代码中生成对象的操作说明，包括参数说明，返回值等。

(4)关系(Relationship)模型中的有些关系会在生成的代码中使用类的属性进行说明。

(5)组件(Components)模型中描述的每一个组件有相应的源

代码文件进行实现。

逆向工程是指根据系统的实现代码和代码所用语言，生成新的 Rose 模型或更新当前 Rose 模型。在逆向工程中，Rose 搜集代码中的下列元素信息进行转换，其他的元素不支持逆向工程。被搜集的元素信息有类（Class）、属性（Attributes）、操作（Operation）、关系（Relationship）、包（Pachages）、组件（Components）。

3. 对螺旋上升开发过程的支持

Rational Rose 支持螺旋上升式的开发过程，目前市场上领先的软件开发过程主要有 RUP（Rational Unified Process），OPEN Process 和 OOSP（Object-Oriented Software Process）。RUP 是 Rational 软件公司聚集了面向对象领域三位杰出专家 Booch，Rumbaugh 和 Jacobson 的研究成果而发展起来的，同时它又是面向对象开发的行业标准语言——标准建模语言（UML）的创立者，因此 UML 和 RUP 的完美结合是 Rose 的一大特点。

在 RUP 中，软件过程用两个轴描述，纵向描述软件过程的内容组织：有商业建模、需求分析、分析和设计、测试和部署等。横向描述软件过程的时间组织：有初始阶段、细化阶段、构造阶段和交付阶段。

RUP 中的每个阶段可以进一步分解为迭代，一个迭代是一个完整的开发循环（包括商业建模、需求分析、分析和设计、测试和部署等内容），产生一个可执行的产品版本，是最终产品的一个子集，它增量式地发展，从一个迭代过程到另一个迭代过程到成为最终的系统。

另外，Rose 中提供的对往返工程的支持，从总体来看，往返工程具有螺旋上升开发过程的特点。

4. Raional Rose 对大型复杂项目的支持

Rational Rose 支持绝大多数软件工程师常见的个人/公共工作平台。直至所编制软件共享之前。在个人平台，软件工程师可以修改自己的源代码和已建立的模型，和别的开发人员分离开来，减少相互之间的干扰。在公共平台，通过在配置管理和版本控制系统（CMVC），模型改变可以共享，换句话说，其他开发者可以观察和利用这些改变。

Rational Rose 能够与主要的 CMVC 工具集成，包括 Rational Summit/CM、Microsoft Source Safe、PVCS、Clear Case、SCCS 以及 CVS/RCS。Rational Rose 也可以支持企业级数据库，同时支持 Unisys 的通用的存储库（UREP）和 Microsoft 的存储库。

Rational Rose 在支持框架结构的同时，还支持可重用类组件部分，将可重用基类放入公控单元中，整个团队或其他工作组就可以使用它们了。

（二）RUP 的开发过程

软件过程是指实施于软件开发和维护中所采取的步骤、方法和技术等的集合。在软件过程的指导下，可以合理地安排开发进度，指明每一个阶段的任务并采用的正确的方法等。行之有效的软件过程可以提高开发软件组织的生产效率，提高软件质量，降低成本并减少风险。目前市场上领先的软件过程主要有 RUP（Rational Unified Process）、OPEN Process 和 OOSP（Object Oriented Software Process）；RUP 是 Rational 软件公司聚集了面向对象领域三位杰出专家 Booch、Rumbaugh 和 Jacobson 的研究成果而发展起来的。

1. RUP 的二维开发模型

RUP 可以用二维坐标来描述；横轴是时间组织，描述的是软件过程的阶段性，每一阶段的任务侧重点不同，主要有初始阶段、细化阶段、构造阶段、交付阶段。纵轴是内容组织，描述各个阶段的工作内容，有商业建模、需求分析、分析和设计、测试、部署等。

RUP 中的软件生命周期在时间上被分解为四个阶段，分别是:初始阶段(Inception)、细化阶段(Elaboration)、构造阶段(Construction)和交付阶段(Transition)。在每个阶段的结尾执行一次评估以确定这个阶段的目标是否已经满足。如果评估结果令人满意的话,可以允许项目进入下一个阶段。

(1)初始阶段。初始阶段的目标是为系统建立商业案例并确定项目的边界,本阶段具有非常重要的意义,在这个阶段中所关注的是整个项目进行中的业务和需求方面的主要风险。对于建立在原有系统基础上的开发项目来讲,初始阶段可能很短。此阶段结束时评价项目基本的生存能力。

(2)细化阶段。细化阶段的目标是分析问题领域,说明软件的特征,设计软件的体系结构,编制项目计划,计划开发过程必需的活动和资源,规避项目中最高风险的元素。此阶段结束时要检验详细的系统目标和范围,结构的选择以及主要风险的解决方案。

(3)构造阶段。构造阶段主要是编制软件,并对软件进行测试,不断地完善软件、体系结构和方案,从某种意义上说,构建阶段是一个制造过程,其重点放在管理资源及控制运作以优化成本、进度和质量,此阶段结束时要提供软件产品“beta”版。

(4)交付阶段。交付阶段的重点是确保软件对最终用户是可用的,是否满足了用户的需求。在这个阶段可以对软件产品进行少量的调整,以满足用户很小的需求改变。在阶段的结束时以产品发布为标志。此时,要确定目标是否实现,是否应该开始另一个开发周期。

2. RUP的核心工作流(Core Work Flows)

RUP中有九个核心工作流,分为六个核心过程工作流(Core Process Work Flows)和三个核心支持工作流(Core Supporting Work Fows)。六个核心过程工作流与传统瀑布模型中的几个阶段有相似之处,但应注意迭代过程中的阶段是完全不同的,这些工作流在整个生命周期中一次又一次被访问,九个核心工作流在项目中轮流被使用，在每一次迭代中以不同的重点和强度重复。

1)商业建模(Business Modeling)

商业建模工作流的任务是建立商业模型，包括商业Use Case模型和商业对象模型。理解需要开发的软件系统的组织结构和动态行为。

2)需求(Requirements)

需求工作流的目标是描述系统应该做什么，并使开发人员和用户就这一描述达成共识。重要的结果是系统的Use CASE图。

3)分析和设计(Analysis&Design)

分析和设计工作流将需求转化成未来系统的设计，为系统开发一个健壮的结构并调整设计使其与实现环境相匹配，优化其性能，分析设计的结果是一个设计模型和一个可选的分析模型。设计模型是源代码的抽象，由设计类和一些描述组成，主要是类图和交互图等。

4)实现(Implementation)

实现工作流的目的是将设计的系统模型用具体的开发工具进行实现，实现类和对象；将开发出的软件单元进行单元测试。进而使软件单元集成为一个系统。

5)测试(Test)

测试工作流是对集成的软件系统进行整体测试，要验证对象间的交互作用，验证用户需求是否被正确实现，查找系统的错误并进行修改。

6)部署(Deployment)

部署工作流的目的是在用户确认需求得到满足以后，将软件发布给用户使用。包括：软件打包、生成软件本身以外的产品、安装软件、为用户提供帮助。

7)配置和变更管理(Configuration&Change Management)

配置和变更管理工作流描绘了如何在多个成员组成的项目中对系统相关的内容进行控制。配置和变更管理工作流主要描述对软件开发和维护过程中如何协调一致，跟踪和控制对系统进行的修改，并且对产品修改原因、时间、人员进行审计记录。

8)项目管理(Project Management)

软件项目管理平衡各种可能产生冲突的目标、管理风险、克服各种约束并成功交付使用户满意的产品。其目标包括：为项目的管理提供框架、为计划、人员配备、执行和监控项目提供实用的准则、为管理风险提供框架等。

9)环境(Environment)

环境工作流的目的是向软件开发组织提供软件开发环境，可能涉及的工作活动有过程配置、过程实现、选择工具、技术支持和培训等。

3. RUP 的迭代开发模式

RUP 中的每个阶段可以进一步分解为迭代，一个迭代是一个完整的开发循环，产生一个可执行的产品版本，是最终产品的一个子集，它增量式地发展，从一个迭代过程到另一个迭代过程到成为最终的系统。传统上的项目组织(如瀑布型开发过程)是顺序执行每个工作流，是一个单向的工作流程。

在 RUP 中，以细化阶段为例，我们可以将这个阶段划分为多个迭代，而这每一个迭代中所要进行的工作都是一样的，可能有些工作可以忽略，包括：需求工作流、分析和设计工作流、实现工作流、测试工作流。其本身就像一个小型的瀑布项目。

与传统的瀑布模型相比较，迭代过程具有以下优点：

(1)降低了出现错误的风险。迭代过程可以尽早地发现错误，越早发现错误风险越低。

(2)严格控制开发进度，保证软件产品按照进度进行，将计划和风险分散到各个阶段以便控制。

(3)加快了整个开发工作的进度。因为开发人员清楚问题的焦点所在，他们的工作会更有效率。

(4)对用户需求的改变有更强的适应性，用户修改的每一次改变就是一次新的迭代过程。

第六节　小　结

面向对象方法是现代软件工程的主流技术之一。近20年，面向对象技术得到了迅速发展和广泛应用，但是面向对象方法仍然没有严格和统一的理论体系，还在不断改进和完善中。本章主要介绍了面向对象的一般概念，然后重点介绍了两种面向对象软件工程技术：Coad 和 Yourdon 方法（即 OOA/OOD）和 UML（标准建模语言）。

（1）面向对象主要概念包括对象、类、消息、继承、封装、多态性、重载等。这些概念构成了面向对象的一般特征。本章还简要给出了面向对象软件的生命周期与开发模型。

（2）面向对象分析和设计（OOA/OOD）是一种较传统的面向对象软件工程方法，主要应用于软件分析和软件设计阶段。其主要步骤包括：定义对象和类、定义结构、定义主题、定义属性和定义服务。本章简要介绍了 OOA/OOD 表达图形的方法。

（3）UML 是在 Booch、OMT、OOSE 等面向对象的方法及许多软件技术的基础上发展起来的。UML 吸收了各种技术方法和工程人员的不同观点，包括面向对象方法的观点和传统的面向过程的观点。UML 表示法混合了不同的图形表示方法，剔除了其中容易引起混淆、冗余的，或者很少使用的符号，同时增添了一些新的符号。UML 是一种建模语言，建模过程独立于实际的开发语言。

第五章　软件测试

随着软件应用领域越来越广泛，其质量的优劣也日益受到人们的重视。质量保证能力的强弱直接影响着软件业的发展与生存。软件测试是一个成熟软件企业的重要组成部分，它是软件生命周期中一项非常重要且非常复杂的工作，对软件可行性保证具有极其重要的意义。一个好的测试人员不仅能发现问题，从发现的问题中分析问题出现的原因，更应能拟订软件测试计划，编制软件测试大纲，编写测试用例，从而提高工作效率，降低开发成本，更好地保证软件的质量。本章主要介绍软件测试的基本概念、分类和步骤、黑盒测试和白盒测试采用的技术和测试用例、软件测试和调试的区别，最后介绍面向对象测试的方法。

第一节　软件测试概述

软件测试是伴随着软件的产生而产生的，有了软件生产和运行就必然有软件调试。早期的软件开发过程中，测试的含义比较狭窄，将测试等同于“调试”，目的是纠正软件中已经知道的故障，常常由开发人员自己完成这部分工作。对测试的投入极少，测试介入得也晚，常常是等到形成代码，产品已经基本完成时才进行测试。

直到 1957 年，软测试才开始与调试区别开来，成为一种发现软件缺陷的活动。由于一直存在着为了使我们看到产品再工作，就得将测试工作往后推的思想，测试仍然是后于开发的活动。在潜意识里，我们的目的是使自己确信产品能工作。1972年在北卡罗来纳大学举行了首届软件测试正式会议。1975年John Good Enough和Susan Gerhat在IEEE上发表了《测试数据选择的原理》(*Toward a Theory of Test Data Selection*)的文章，软件测试才被确定为一种研究方向。后来，Glen ford Myers的《软件测试艺术》(*The Art of Software Testing*)可算是软件测试领域的第一本最重要的专著，在书中Myers给出的软件测试定义是："测试是为发现错误而执行的一个程序或者系统的过程。"Myers以及他的同事们在这方面的工作成为测试过程发展的里程碑。

直到近几十年，软件测试的定义发生了改变，测试不单纯是一个发现错误的过程，而且包含软件质量评价的内容。软件开发人员和测试人员开始一起探讨软件工程和测试问题。制定了各类标准，包括IEEE(Institute of Electrical and Electronic Engineers)标准，ANSI(American National Standard Institute)标准以及ISO(International Standard Organization)国际标准。Bill在《软件测试完全指南》一书中指出："测试是以评价一个程序或者系统属性为目标的任何一种活动，测试是对软件质量的度量。"Myers和Hetzel的定义至今仍被引用。

20世纪90年代，测试工具终于盛行起来。人们普遍意识到工具不仅是有用的，而且要对今天的软件系统进行充分的测试，工具是必不可少的。到了2002年，Rick和Stefan在《系统的软件测试》(*Systematic Software Testing*)一书中对软件测试作了进一步定义："测试是为了度量和提高软件工作效率和软件的质量，对测试软件进行工程设计，实施和维护的整个生命周期过程。"这些经典论著对软件测试研究的理论化和体系化产生了巨大的影响。

近20年来，随着计算机和软件技术的飞速发展，软件测试技术研究也取得了很大的突破，测试专家总结了很好的测试模型，比如著名的V模型、W模型等，在测试过程改进方面提出了TMM(Testing maturity model)的概念。在单元测试、自动化测试、负载压力测试以及测试管理等方面涌现了大量优秀的软件测试工具。

虽然软件测试技术的发展很快，但是其发展速度仍落后于软件开发技术的发展速度，这使得软件测试在今天面临着很大的挑战，主要体现在以下几个方面：

(1)软件在国防现代化、社会信息化和国民经济信息化领域中的作用越来越重要，要求测试的任务越来越繁重。

(2)软件规模越来越大，功能越来越复杂，如何进行充分而有效的测试成为难题。

(3)面向对象的开发技术越来越普及，但是面向对象的测试技术却刚刚起步。

(4)对于分布式系统整体性能还不能进行很好的测试。

(5)对于实时系统来说，缺乏有效的测试手段。

(6)随着安全问题的日益突出，信息系统的安全性如何进行有效的切试与评估，成为世界性的难题。

(一)软件测试的概念

软件测试是为软件项目服务的，在整个项目组中，要强调测试服务的概念，因为虽然软件测试的目的是发现软件中存在的错误，但其根本目的是提高软件质量，降低软件项目的风险。软件的质量风险表现在两个方面，一种是内部风险，一种是外部风险。内部风险是在即将销售的时候发现有重大的错误，延迟发布日期，失去市场机会；外部风险是用户发现了不能容忍的错误，引起索赔和法律纠纷，甚至失去客户的风险。

软件测试只能证明软件存在错误，而不能证明软件没有错误。软件公司对软件项目的期望是在预计的时间、合理的预算下，提交一个可以交付的产品，测试的目的就是把软件的错误控制在一个可以进行产品交付/发布的程度上，可以交付/发布的产品不是没有错误的产品。软件测试也是需要花费巨大成本的，因此软件测试不可能无休止地进行下去，而是要把错误控制在一个合理的范围之内。有资料表明，波音777整体设计费用的25%都花在了软件的MC/DC(修正条件判定覆盖测试，是单元白盒测试的一种方法)测试上，而且随着测试时间的延长，发现错误的成本会越来越大，这就需要测试有度，而这个度并不能由项目计划时间来判断，而是要根据测试出现错误的概率来判断。这也要求在项目计划时，要给测试留出足够的时间和经费，仓促的测试或者由于项目提交计划的压力而终止测试很可能对整个项目造成无法估量的损害。

测试阶段的基本任务应该是根据软件开发各阶段的文档资料和程序的内部结构，精心设计一组“高产”的测试用例，利用这些用例执行程序，找出软件潜在的缺陷。一个好的测试用例很可能找到至今为止尚未发现的缺陷的用例；一个成功的测试则是指揭示了至今为止尚未发现的缺陷的测试。

(二)软件测试的分类

(1)按照测试过程是否在计算机上执行来分类，有静态测试、动态测试和解释执行。静态测试是指被测软件的目标程序不在计算机上执行。动态测试是指被测软件的目标程序在计算机上执行。解释执行是指被测软件的源程序在计算机上解释执行。

(2)按照是否考察软件的内部结构来分类，有黑盒测试和白盒测试。黑盒测试的测试过程只考察测试的输入和结果的对应关系(被测软件的功能)是否正确，而不考察被测软件内部结构。白盒测试的测试过程不但考察测试的输入和结果的对应关系(被测软件的功能)是否正确，而且考察被测软件内部结构。

(3)按照软件测试的对象可分为源程序走查、单元测试、部件测试(组装测试)、配置项测试(确认测试)、系统测试(可能包括硬件在一起测试)、软件产品交付前的可靠性(增长)测试、软件产品交付时的鉴定/验收测试和软件被修改时的回归测试。

(4)按照测试人员属性来分类，有内部测试、用户测试/鉴定测试、资格测试和第三方测试。内部测试是开发阶段由软件开发人员自己内部进行的各种测试。用户测试/鉴定测试是由用户(用户代表/鉴定测试组)进行的验证测试。资格测试是由特设机构(例如认证机构)人员进行的测试。第三方测试是由开发方和用户之外的第三方进行的测试。

另外,大型通用软件在正式发布前,通常需要执行 Alpha 和 Beta 测试,目的是从实际终端用户的使用角度对软件的功能和性能进行测试,以发现可能只有最终用户才能发现的错误。

(三)软件测试的意义

软件测试的意义在于保证软件产品的最终质量,在软件开发的过程中,对软件产品进行质量控制。一般来说,软件测试应由独立的产品评测中心负责,严格按照软件测试流程,制订测试计划,测试方案,测试规范,实施测试,对测试记录进行分析,并根据回归测试情况撰写测试报告。测试是为了证明软件有缺陷,从而加以改正,而不是保证软件没有缺陷,缺陷是软件与生俱来的。

(四)软件测试的内容及测试过程

1. 软件测试的内容

软件测试主要工作内容是验证(Verification)和确认(Validation),下面分别给出其概念:验证(Verification)是保证软件正确地实现了一些特定功能的一系列活动,即保证软件做了你所期望的事情。(Do the right thing)

(1)确定软件生存周期中的一个给定阶段的产品是否达到前阶段确立的需求的过程。

(2)程序正确性的形式证明,即采用形式理论证明程序符合设计规约规定的过程。

(3)审查,测试,检查,审计等各类活动,或对某些项处理,服务或文件等是否和规定的需求相一致进行判断和提出报告。

确认(Validation)是一系列的活动和过程,目的是想证实在

一个给定的外部环境中软件的逻辑正确性。即保证软件以正确的方式来做了这个事件(Do it right)

(1)静态确认,不在计算机上实际执行程序,通过人工或程序分析来证明软件的正确性。

(2)动态确认,通过执行程序做分析,测试程序的动态行为,以证实软件是否存在问题。

软件测试的对象不仅仅是程序测试,软件测试应该包括整个软件开发期间各个阶段所产生的文档,如需求规格说明,概要设计文档,详细设计文档,当然软件测试的主要对象还是源程序。

2. 软件测试的测试过程

软件测试过程按测试的先后顺序可分为单元测试,集成测试,确认(有效性)测试,系统测试,验收(用户)测试。

(1)单元测试:软件单元测试是检验程序的最小单位,即检查模块有无错误,它是在编码完成后必须进行的测试工作。单元测试一般由程序开发者完成,因而单元测试大多是从程序内部结构出发设计测试用例,即采用白盒测试方法,当有多个程序模块时,可并行独立开展测试工作。

(2)集成测试:在将所有的单元经过测试以后,接着进行集成测试。集成测试也称综合测试,即将已分别通过测试的单元按要求组合起来再进行的测试,以检查这些单元之间的接口是否存在问题。要求参与的人熟悉单元的内部细节,又要求他们能够从足够高的层次上观察整个系统。集成测试阶段是以黑盒法为主,在自底向上集成的早期,白盒法测试占一定的比例,随着集成测试的不断深入,这种比例在测试过程中将越来越少,渐渐地,黑盒法测试占据主导地位。

(3)确认测试:在集成测试完成之后,分散开发的各个模块将连接起来,从而构成完整的程序。其中各个模块之间的接口存在的各种错误都已消除,此时可以进行系统工作的最后部分,即确认测试。确认测试是检验所开发的软件是否能按用户提出的要求进行。若能达到这一要求，则认为开发的软件是合格的。确认测试也称为合格测试。

(4)系统测试：软件在计算机系统当中是重要的组成部分，因此，在软件开发完成之后，最终还要和系统中的其他部分，比如硬件系统，数据信息集成起来，在投入运行以前要完成系统测试，以保证各组成部分不仅能单独得到检验，而且在系统各部分协调工作的环境下也能正常工作。尽管每一个检验有特定的目标，然而，所有的检验工作都要验证系统中每个部分均已得到正确的集成，并完成指定的功能。系统测试要进行的几种必要测试：恢复测试，安全测试，强度测试，性能测试，正确性测试，可靠性测试，兼容性测试。

(5)验收测试：验收测试是检验软件产品质量的最后一道工序。验收测试通常更突出客户的作用，同时软件开发人员也有一定的参与。

(6)测试后的调试：软件测试和软件调试有完全不同的意义。测试的目的是现实错误，而调试的目的是发现错误或找出导致程序失效的错误原因，并修改程序以修正错误。通常情况是在测试以后紧接着要进行调试，调试是测试之后的活动。

第二节 白盒测试

白盒测试(white-box testing)又称为结构测试，主要按软件的内部结构进行测试。按测试人员将程序视为一个透明的盒子，对程序的所有逻辑路径进行测试，在不同点检查程序的状态与预期的状态是否一致。但是白盒法也不能进行完全彻底的测试，要企图遍历所有的路径是不可能的。

(一)逻辑覆盖

所谓逻辑覆盖是对一系列测试过程的总称，这组测试过程逐渐进行越来越完整的通路测试。从覆盖源程序语句的详尽程度分析,测试数据执行大致有以下几种不同的覆盖标准。

1. 语句覆盖

语句覆盖的含义是选择足够的测试用例,使程序中的每个执行语句至少执行所谓的"足够的"次数,自然是越少越好。

2. 判定覆盖

比语句覆盖稍强的覆盖标准是判定覆盖。判定覆盖的含义是执行足够的测试用例。使得程序中的每个判定至少都获得一次"真"和"假"值,或者说使得程序中的每一个取"真"分支和取"假"分支至少执行一次。因此,判定覆盖又称为分支覆盖。

3. 条件覆盖

一个判定中往往包含了若干个条件,条件覆盖的含义是设计若干个调试用例,执行被测程序以后,要使每个判定中的每个条件的可能取值至少满足一次。

4. 判定—条件覆盖

判定—条件覆盖要求设计足够的测试用例,使得判定中每个条件的所有可能至少出现并且每个判定本身的判定结果(真/假)也至少出现一次。

5. 条件组合覆盖

条件组合覆盖的含义是执行足够的测试用例,使得每个判定中条件的各种可能组合都至少出现一次。显然,满足条件组合覆盖的测试用例是一定满足判定覆盖,条件覆盖和判定—组合覆盖的。

(二)路径测试

1. 基本路径测试

基本路径测试是 Tom Mccabe 提出的一种白盒测试技术。使用这种技术设计测试用例时，首先计算程序的环形复杂度，并用该复杂度为指南定义执行路径的基本集合，从该基本集合导出的测试用例可以保证程序中的每条语句至少执行一次，而且每个条件在执行时都将分别取真、假两种值。使用基本路径测试技术设计测试用例的步骤如下。

(1)根据过程设计结果画出相应的流程图。

(2)计算流程图的环形复杂度。环形复杂度用来定量度量程序的逻辑复杂性。采用详细设计方法来计算环形复杂度。

(3)确定线性独立路径的基本集合。使用基本路径测试法设计测试用例时，程序的环形复杂度决定了程序中独立路径的数量，而且这个数是确保程序中所有语句至少校执行一次所需的测试数量的上界。

(4)设计可强制执行基本集合中每条路径的测试用例。应该选取测试数据使得在测试每条路径时都适当地设置好各个判定节点的条件。

在测试过程中，执行每个测试用例并把实际输出结果与预期结果相比较。一旦执行完所有测试用例，就可以确保程序中所有语句都至少被执行一次，而且每个条件都分别取过 true 值和 false 值。

应该注意，某些独立路径不能以独立的方式测试，也就是说，程序的正常流程不能形成独立执行该路径所需要的数据组合。在这种情况下，这些路径必须作为另一个路径的一部分来测试。

2. 条件测试

尽管基本路径测试技术简单而且高效，但是仅有这种技术还不够,还需要使用其他控制结构测试技术,才能进一步提高白盒测试的质量。

条件测试方法着重强调测试程序中的每个条件。条件测试有两个优点:一是容易度量条件的测试覆盖率;二是程序内条件的测试覆盖率可指导附加测试的设计。条件测试的目的不仅是检测程序条件中的错误,而且是检测程序中的其他错误。如果程序 P 的测试集能有效地检测 P 中条件的错误,则它很可能也可以有效地检测 P 中的其他错误。此外,如果一个测试策略对检测条件错误是有效的,则很可能该策略对检测程序的其他错误也是有效的。

循环是绝大多数软件算法的基础,但是,在测试软件时却往往未对循环结构进行足够的测试。循环测试专注于测试循环结构的有效性。在结构的程序中通常只有 3 种循环,即简单循环,嵌套循环和串接循环。

(1)简单循环。应该使用下列测试集来测试简单循环(其中 m 是允许通过循环的最大次数):跳过循环;只通过循环一次;通过循环两次;通过循环 m 次,其中 $m<n-1$;通过循环 $n-1$,m,$n+1$ 次。

(2)嵌套循环。如果把简单循环的测试方法直接应用到嵌套循环,可能的测试数就会随嵌套层数的增加按几何级数增长,这会导致不切实际的测试数目。曾经有人提出了一种能减少测试数的方法:从最内层循环开始测试,把所有其他循环都设置为最小值;对最内层循环使用简单循环测试方法,而使外层循环的迭代参数(例如,循环计数器)取最小值,并为越界值或非法值增加一些额外的测试;由内向外,对下一个循环进行测试,但保持所有其他外层循环为最小值,其他嵌套循环为“典型”值;继续进行下去,直到测试完所有循环。

(3)串接循环。如果串接循环的各个循环都彼此独立,则可以使用前述的测试简单循环的方法来测试串接循环。但是,如果两个循环串接,而且第一个循环的循环计数器值是第二个循环的初始值，则这两个循环并不是彼此独立的，此时应使用测试嵌套循环的方法来测试串接循环。

白盒测试也称结构测试或逻辑驱动测试，它是按照程序内部的结构测试程序，通过测试来检测产品内部动作是否按照设计规格说明书的规定正常进行，检验程序中的每条通路是否都能按预定要求正确工作。

这一方法是把测试对象看作一个打开的盒子，测试人员依据程序内部逻辑结构相关信息，设计或选择测试用例，对程序所有逻辑路径进行测试，通过在不同点检查程序的状态，确定实际的状态是否与预期的状态一致。

白盒测试的测试方法有代码检查法、静态结构分析法、静态质量度量法、逻辑覆盖法、基本路径测试法、域测试、符号测试、Z路径覆盖和程序变异。

白盒测试法的覆盖标准有逻辑覆盖、循环覆盖和基本路径测试。其中逻辑覆盖包括语句覆盖、判定覆盖、条件覆盖、判定/条件覆盖、条件组合覆盖和路径覆盖。六种覆盖标准：语句覆盖、判定覆盖、条件覆盖、判定/条件覆盖、条件组合覆盖和路径覆盖。发现错误的能力呈由弱至强地变化。语句覆盖每条语句至少执行一次。判定覆盖每个判定的每个分支至少执行一次。条件覆盖每个判定的每个条件应取到各种可能的值。判定/条件覆盖同时满足判定覆盖和条件覆盖。条件组合覆盖每个判定中各条件的每一种组合至少出现一次。路径覆盖使程序中每一条可能的路径至少执行一次。

“白盒”法全面了解程序内部逻辑结构，对所有逻辑路径进行测试。“白盒”法是穷举路径测试。在使用这一方案时，测试者必须检查程序的内部结构，从检查程序的逻辑着手，得出测试数据。贯穿程序的独立路径数是天文数字。但即使每条路径都测试了仍然可能有错误。第一，穷举路径测试不能查出程序违反了设计规范，即程序本身是个错误的程序。第二，穷举路径测试不可能查出程序中因遗漏路径而出错。第三，穷举路径测试可能发现不了一些与数据相关的错误。

3. 基本路径测试法

基本路径测试法是在程序控制流图的基础上，通过分析控制构造的环路复杂性，导出基本可执行路径集合，从而设计测试用例的方法。设计出的测试用例要保证在测试中程序的每个可执行语句至少执行一次。

在程序控制流图的基础上，通过分析控制构造的环路复杂性，导出基本可执行路径集合，从而设计测试用例。包括以下两个步骤和一个工具方法：

(1)程序的控制流图：描述程序控制流的一种图示方法。

(2)程序圈复杂度：McCabe 复杂性度量。从程序的环路复杂性可导出程序基本路径集合中的独立路径条数，这是确定程序中每个可执行语句至少执行一次所必需的测试用例数目的上界。

(三)测试方法

1. 方法测试

方法测试主要考察封装在类中的一个方法对数据进行的操作，它与传统的单元模块测试相对应，可以用传统成熟的单元测试方法。但是，方法与数据一起被封装在类中，并通过向所在对象发送消息来驱动，它的执行与对象状态有关，也有可能会改变对象的状态。因此，设计测试用例时要考虑测试对象的初态，使它收到消息时执行指定的路径。

2. 类测试

类测试与传统面向过程软件测试中的单元测试相似，在面向对象的软件系统中，软件系统的基本组成部分是类和对象。它将数据和对数据进行操作的方法封装在一起，每一个对象都有自己的生命周期和自己的状态。在软件运行过程中,对象的状态还会被改变,产生新的状态。而在不同的状态下,对象对消息的处理方法可能不同,所以在测试过程中还要将对象的状态考虑在内。因此类测试可以分为以下两部分。

(1)基于状态的测试。考察类的实例在其生命期各个状态下的情况。这类方法的优势是可以充分借鉴成熟的有限状态自动机理论,但执行起来还很困难。一是状态空间可能太大,二是很难对一些类建立起状态模型,没有一种好的规则来识别对象状态及其状态转换,三是可能缺乏对被测对象的控制和观察机制的支持。

(2)基于响应状态的测试。从类和对象的责任出发,以外界向对象发送特定的消息序列来测试对象。较有影响的是基于规约的测试和基于程序的测试。基于规约的测试往往可以根据规约自动或半自动地生成测试用例,但未必能提供足够的代码覆盖率。基于程序的测试大都是在传统的基于程序的测试技术的推广,有一定的实用性但方法过于复杂且效率不高。

3. 类簇测试

类簇是一组相互有影响的类的集合。类簇测试主要考察这些类之间的相互作用,是系统集成测试的子阶段。在单个类分别进行测试后,根据系统中类的层次关系图,将相互有影响的类作为一个整体,检查各相关类之间消息连接的合法性,子类的继承与父类的一致性,动态绑定执行的正确性,类簇协同完成系统功能的正确性等。其测试用例可由多种方案结合生成。如根据类的继承关系图来纵向测试类,同时又根据对象之间方法的相互作用来横向测试类的关系。

4. 系统测试

系统测试是对所有程序和外部成员构成的整个系统进行整体测试通过方法测试、类测试和类簇测试,可以保证软件的功能得以实现，但不能保证在实际运行时，它能否满足用户的需要。需要进一步测试它与系统其他部分（软件和硬件资源）相结合的情况，能否相互配合正常工作。另外，还包括了确认测试内容，以验证软件系统的正确性和性能指标等是否满足需求规格说明书所制定的要求。它与传统的系统测试一样，包括功能测试，强度测试，性能测试，安全测试等，可套用传统的系统测试方法。在集成测试或系统测试中，可能发现独立测试没有发现的错误。

它体现的测试内容具体包括如下几种：

（1）功能测试。测试是否满足开发要求，是否能够提供设计所描述的功能，是否用户的需求都得到满足。功能测试是系统测试最常用和必需的测试，通常还会以正式的软件说明书为测试标准。

（2）强度测试。测试系统的能力最高实际限度，即软件在一些超负荷的情况下功能实现情况。如要求软件某一行为的大量重复、输入大量的数据或大数值数据，对数据库大量复杂的查询等。

（3）性能测试。测试软件的运行性能。这种测试常常与强度测试结合进行，需要事先对被测软件提出性能指标，如传输连接的最长时限、传输的错误率、计算的精度、记录的精度、响应的时限和恢复时限等。

（4）安全测试。验证安装在系统内的保护机构确实能够对系统进行保护，使之不受各种非常的干扰。安全测试时需要设计一些测试用例试图突破系统的安全保密措施，检验系统是否有安全保密的漏洞。

（5）恢复测试。采用人工的干扰使软件出错、中断使用、检测系统的恢复能力，特别是通信系统。恢复测试时，应该参考性能测试的相关测试指标。

（6）可用性测试。测试用户是否能够满意使用。具体体现为操作是否方便，用户界面是否友好等。

软件测试的目的不是仅仅找出错误，而是通过它发现错误，分析错误，找到错误的分布特征和规律，从而帮助项目管理人员发现当前所采用的软件开发过程的缺陷，以便改进。同时也能够通过设计有针对性的检测方法，改善软件测试的有效性。即使测试没有发现任何错误，也是十分有价值的，因为完整的测试不仅可以给软件质量进行一个正确的评价，而且是提高软件质量的重要方法之一。

第三节　黑盒测试

黑盒测试(Black box Testing)，又称为功能测试，是把测试对象看作一个黑盒子。利用黑盒测试法进行动态测试时，只需要测试软件产品的功能，而不必测试软件产品的内部结构和处理过程。软件测试员只需知道软件要做什么，而无法看到其如何运行，只能进行输入操作来得到输入结果。

采用黑盒技术设计测试用例的方法有等价分类法、边界值分析法和错误推测法等。黑盒测试注重于测试软件的功能性需求，即黑盒测试使软件工程师派生出执行程序所有功能需求的输入条件。黑盒测试并不是白盒测试的替代品，而是用于辅助白盒测试发现其他类型的错误。黑盒法着眼于程序的外部特性，而不考虑程序的内部逻辑结构。在程序的接口上进行测试。输入测试用例测试软件的功能、插入能否正确地接收、输出能否正确地产生等。黑盒法不可能进行完全的测试，因为要遍历所有的输入数据的是不可能的。

黑盒测试也称功能测试，它是通过测试来检测每个功能是否都能正常使用。在测试中，把程序看作一个不能打开的黑盒子，在完全不考虑程序内部结构和内部特性的情况下，在程序接口进行测试，它只检查程序功能是否按照需求规格说明书的规定正常使用，程序是否能适当地接收输入数据而产生正确的输出信息。黑盒测试着眼于程序外部结构，不考虑内部逻辑结构，主要针对软件界面和软件功能进行测试。

黑盒测试是以用户的角度，从输入数据与输出数据的对应关系出发进行测试的。很明显，如果外部特性本身设计有问题或规格说明的规定有误，用黑盒测试方法是发现不了的。黑盒测试法注重于测试软件的功能需求，主要试图发现下列几类错误：功能不正确或遗漏、界面错误、数据库访问错误、性能错误、初始化和终止错误等。

从理论上讲，黑盒测试只有采用穷举输入测试，把所有可能的输入都作为测试情况考虑，才能查出程序中所有的错误。实际上测试情况有无穷多个，人们不仅要测试所有合法的输入，而且还要对那些不合法但可能的输入进行测试。这样看来，完全测试是不可能的，所以我们要进行有针对性的测试，通过制定测试案例指导测试的实施，保证软件测试有组织、按步骤、以及有计划地进行。黑盒测试行为必须能够加以量化，才能真正保证软件质量，而测试用例就是将测试行为具体量化的方法之一。

(一)黑盒测试方法

1. 边界值分析法

实践经验表明，程序往往容易在处理边界时出错，所以检查边界情况的测试用例是高效的。边界情况是指输入等价类和输出等价类边界上的情况。边界值分析(BVA)就是选择等价类边界的测试用例。它是一种补充等价分类法的测试用例设计技术。

边界值分析法的原则：

(1)输入值的范围应该是刚达到达个范围边界的值，以及刚刚超越这个范围边界的值。

(2)如果输入条件规定了值的个数，则用最大个数、最小个数、最大个数加1以及最小个数减1。

(3)如果输入条件为一组值，测试案例应当执行其中最大值、最小值、比最大值略小的值以及比最小值略大的值，如2,4,5,8,12,25,33,35,56中，取2,4,35,56。

(4)如果程序的规格说明给出的说明域或输出域是有序集合

（有序表或顺序文件等），则应选取集合的第一个元素和最后一个元素作为测试用例。

（5）如果程序中使用了一个内部数据结构，则应选择其边界上的值作为测试用例。

2. 错误推测法

在测试程序时，可以根据以往的经验和直觉来推测程序中可能存在的各种错误，从而有针对性地设计测试用例，这就是错误推测法。

错误推测法是凭经验进行的，没有确定的步骤时其基本思想是列出程序中可能发生错误的情况，根据这些情况选择测试用例：输入数据为零或输出数据为零往往容易发生错误；如果输入或输出的数目允许变化（如被检索的或生成的表的项数），则输入或输出的数目为 0 和 1 的情况（如表为空或只有一项）是容易出错的情况。此外，还应该仔细分析程序规格说明书，注意找出其中遗漏或省略的部分，以便设计相应的测试方案，检测程序员对这些部分的处理是否正确。

（二）黑盒测试的流程

（1）测试计划。首先，根据用户需求报告中关于功能要求和性能指标的规格说明书，定义相应的测试需求报告，即制定黑盒测试的最高标准，以后所有的测试工作都将围绕着测试需求来进行，符合测试需求的应用程序即是合格的，反之即是不合格的；同时，还要适当选择测试内容，合理安排测试人员，测试时间及测试资源等。

（2）测试设计。将测试计划阶段制定的测试需求分解，细化为若干个可执行的测试过程，并为每个测试过程选择适当的测试用例（测试用例选择的好坏将直接影响到测试结果的有效性）。

（3）测试开发。建立可重复使用的自动测试过程。

（4）测试执行。执行测试开发阶段建立的自动测试过程，并对所发现的缺陷进行跟踪管理。测试执行一般由单元测试、组合测试、集成测试,系统联调及回归测试等步骤组成,测试人员应本着科学负责的态度,一步一个脚印地进行测试。

(5)测试评估。结合量化的测试覆盖域及缺陷跟踪报告,对于应用软件的质量和开发团队的工作进度及工作效率进行综合评价。

(三)黑盒测试用例设计方法简介

等价类划分的办法是把程序的输入域划分成若干部分(子集),然后从每个部分中选取少数代表性数据作为测试用例。每一类的代表性数据在测试中的作用等价于这一类中的其他值。该方法是一种重要的,常用的黑盒测试用例设计方法。

1)划分等价类

等价类是指某个输入域的子集合。在该子集合中,各个输入数据对于揭露程序中的错误都是等效的,并合理地假定:测试某等价类的代表值就等于对这一类其他值的测试。因此,可以把全部输入数据合理划分为若干等价类,在每一个等价类中取一个数据作为测试的输入条件,就可以用少量代表性的测试数据取得较好的测试结果。等价类划分可有两种不同的情况:有效等价类和无效等价类。有效等价类是指对于程序的规格说明来说是合理的,有意义的输入数据构成的集合。利用有效等价类可检验程序是否实现了规格说明中所规定的功能和性能。无效等价类与有效等价类的定义恰巧相反。设计测试用例时,要同时考虑这两种等价类。因为,软件不仅要能接收合理的数据,也要能经受意外的考验,这样的测试才能确保软件具有更高的可靠性。

2)划分等价类的方法

下面给出六条确定等价类的原则。

(1)在输入条件规定了取值范围或值的个数的情况下,则可以确立一个有效等价类和两个无效等价类。

(2)在输入条件规定了输入值的集合或者规定了“必须如何”

的条件的情况下，可确立一个有效等价类和一个无效等价类。

(3)在输入条件是一个布尔量的情况下，可确定一个有效等价类和一个无效等价类。

(4)在规定了输入数据的一组值(假定 n 个)，并且程序要对每一个输入值分别处理的情况下，可确立 n 个有效等价类和一个无效等价类。

(5)在规定了输入数据必须遵守的规则的情况下，可确立一个有效等价类(符合规则)和若干个无效等价类(从不同角度违反规则)。

(6)在确知已划分的等价类中各元素在程序处理中的方式不同的情况下，则应再将该等价类进一步划分为更小的等价类。

3)设计测试用例

在确立了等价类后，可建立等价类表，列出所有划分出的等价类：输入条件，有效等价类，无效等价类。然后从划分出的等价类中按以下三个原则设计测试用例：

(1)为每一个等价类规定一个唯一的编号。

(2)设计一个新的测试用例，使其尽可能多地覆盖尚未被覆盖的有效等价类，重复这一步。直到所有的有效等价类都被覆盖为止。

(3)设计一个新的测试用例，使其仅覆盖一个尚未被覆盖的无效等价类，重复这一步。直到所有的无效等价类都被覆盖为止。这里用等价类划分法为例简单介绍了一下黑盒测试用例的设计方法，其他方法就不再做具体介绍。

第四节　测试用例

(一)测试用例概念

对于一个测试人员来说，测试用例的设计编写是必须掌握的。但有效的设计和熟练的编写测试用例却是一个十分复杂的技术。测试用例编写者不仅要掌握软件测试的技术和流程，而且还要对整个软件包括被测软件的设计、功能规格说明、用户试用场景以及程序/模块的结构等方面，都有比较透彻的理解和明晰的把握，稍有不慎就会顾此失彼，造成疏漏。

一个优秀的测试用例应该包含以下要素：用例的编号、测试输入说明、测试标题、操作步骤、测试项、预期结果、测试环境要求、测试用例之间的关联、特殊要求、测试用例设计和测试人员、测试技术和测试日期。编写测试用例所依据和参考的文档和资料包括以下几方面。

(1)软件需求说明及相关文档。

(2)相关的设计说明(极要设计，详细设计等)。

(3)与开发组交流对需求理解的记录。

(4)已经基本成型的、成熟的测试用例等。

测试用例设计的基本原则是：用成熟测试用例设计方法来指导设计准确性、代表性、可判定性和可再现性，有足够详细、准确和清晰的步骤。

(二)测试用例

输入3个数A、B、C，分别代表三角形的3条边。通过程序判定所构成的三角形是任意三角形、等腰三角形还是等边三角形。用等价分类法为该程序设计测试用例。

假设三角形的3条边分别为A、B、C。如果它们能够构成条件：

$A>0,B>0,C>0$，且$A+B>C,B+C>A,A+C>B$。

如果是等腰三角形，还要判断$A=B$，或$B=C$，或$A=C$。

如果是等边三角形，则需判断是否$A=B=C$。

这个程序要打印出信息，说明这个三角形是哪种三角形。

等价类表见表5-1。

表 5-1　等价类表

输入条件	有效等价类	无效等价类
是否构成三角形	$A>0$	$A\leqslant 0$
	$B>0$	$B\leqslant 0$
	$C>0$	$C\leqslant 0$
	$A+B>C$	$A+B\leqslant C$
	$B+C>A$	$C+B\leqslant A$
	$A+C>B$	$A+C\leqslant B$
是否构成等腰三角形	$A=B$	$A\neq B$ and $B\neq C$ and $C\neq A$
	$B=C$	
	$C=A$	
是否构成等边三角形	$A=B$ and $B=C$ and $C=A$	$A\neq B$
		$B\neq C$
		$C\neq A$

第五节　调　试

(一)调试的概念

软件测试的目的是尽可能多地发现程序中的错误,而调试则是在进行了成功的调试之后才开始的工作,其最终目的是确定错误的原因和位置,并改正错误。因此调试也称为纠错。调试过程是从执行一个测试用例开始,然后评估测试结果。如果发现实际结果与预期结果不一致,则表明在软件中存在着隐藏的问题。在分析测试结果时所发现的问题,往往只是潜在错误的外部表现,而外部表现与内在原因之间常常并无明显的联系。因此,要找出真正的原因,排除潜在的错误,并不是一件容易的事情。所以说调试是通过现象,找出原因的一个思维分析过程,是一种具有很强技巧性的工作。

1. 常用的调试技术

常用的调试技术包括:在程序中插入打印语句、输出存储器内容和借助于调试工具。在程序中插入暂时性的打印语句是一种常见的查错技术。其作用是显示程序的中间结果或有关变量的内容,它主要适合于用高级语言书写的程序。

输出存储器内容通常以八进制或十六进制的形式打印出存储器内容,如果单纯利用这种方法进行调试,那么效率很低。大多数程序设计语言都提供调试工具,利用“置断点”使程序执行到设置的断点时就会停止执行,以便调试者观察变量内容,分析程序运行状况,从而大大提高了调试的效率。

2. 归纳法技术

归纳法是一种从特殊到一般的思维过程,它从测试结果发现的线索(错误征兆)入手分析线索之间的联系,然后找出故障。

3. 演绎法技术

演绎法是一种从一般的推测和前提出发,运用排除和推断过程作出结论的思考方法。它是列出所有可能的错误原因的假设,然后利用测试数据排除不适当的假设,最后再用测试数据验证余下的假设确实是出错的原因。

软件调试主要采用以下三种方法:

强行排错法:作为传统的调试方法,其过程可概括为设置断点、程序暂停、观察程序状态、继续运行程序。

回溯法:该方法适合于小规模程序的排错,即一旦发现了错误,先分析错误征兆,确定最先发现“症状”的位置。

原因排除法:原因排除法是通过演绎和归纳,以及二分法来实现。

第六节 面向对象的测试

测试软件的经典策略是从“小型测试”开始，逐步过渡到“大型测试”。用软件测试的专业术语描述，就是从单元测试开始，逐步进入集成测试，最后进行确认测试和系统测试。对于传统的软件系统来说，单元测试集中测试最小的可编译的程序单元（过程模块），一旦把这些单元都测试完之后，就把它们集成到程序结构中去。在集成过程中还应该进行一系列的回归测试，以发现模块接口错误和新单元加入到程序中所带来的副作用。最后，把软件系统作为一个整体来测试，以发现软件需求错误。测试面向对象软件的策略与上述策略基本相同，但也有许多新特点。

当考虑面向对象的软件时，单元的概念改变了。“封装”导致了类和对象的定义，这意味着类和类的实例（对象）包装了属性（数据）和处理这些数据的操作（也称为方法或服务）。现在，最小的可测试单元是封装起来的类和对象。一个类可以包含一组不同的操作，而一个特定的操作也可能存在于一组不同的类中。因此，对于面向对象的软件来说，单元测试的含义发生了很大变化。

测试面向对象软件时，不能再孤立地测试单个操作，而应该把操作作为类的一部分来测试。例如，假设有一个类层次，操作X在超类中定义并被一组子类继承，每个子类都使用操作X，但是，X调用于类中定义的操作并处理子类的私有属性。由于在不同的子类中使用操作X的环境有微妙的差别，因此有必要在每个子类的语境中测试操作X。这就说明，当测试面向对象软件时，传统的单元测试方法是不适用的，不能再在“真空”中（即孤立地）测试单个操作。

面向对象方法是一种把面向对象的思想应用于软件开发过程，指导开发活动的系统方法，简称OO方法。它是建立在“对象”概念基础上的方法学。对象是由数据和容许的操作组成的封装体，与客观实体有直接对应关系，一个对象类定义了具有相似性质的一组对象。所谓面向对象就是基于对象概念，以对象为中心，以类和继承为构造机制，来认识、理解、刻画客观世界和设计并构建相应的软件系统。

（一）面向对象的集成测试

因为在面向对象的软件中不存在层次的控制结构，传统的自上向下或自下向上的集成策略就没有意义了。此外，由于构成类的各个成分彼此间存在直接或间接的交互，一次集成一个操作到类中（传统的渐增式集成方法）通常是不现实的。面向对象软件的集成测试主要有下述两种不同的策略。

1）基于线程的测试

这种策略把响应系统的一个输入或一个事件所需要的那些类集成起来，分别集成并测试每个线程，同时应用回归测试以保证没有产生副作用。

2）基于使用的测试

这种方法首先测试几乎不使用服务器类的那些类（称为独立类），把独立类都测试完之后，再测试使用独立类的下一个层次的类（称为依赖类）。对依赖类的测试一个层次一个层次地持续进行下去，直至把整个软件系统构造完为止。

在测试面向对象的软件过程中，应该注意发现不同类之间的协作错误。集群测试是面向对象软件集成测试的一个步骤。在这个测试步骤中，用精心设计的测试用例检查一群相互协作的类（通过研究对象类型可以确定协作类），这些测试用例力图发现协作错误。

（二）面向对象的确认测试

在确认测试或系统测试层次，不再考虑类之间相互连接的细节。和传统的确认测试一样，面向对象软件的确认测试也集中检查用户可见的动作和用户可识别的输出。为了导出确认测试用例，测试人员应该认真研究动态模型和描述系统行为的脚本，以确定最可能发现用户交互需求错误的情况。

当然，传统的黑盒测试方法也可用于设计确认测试用例，但是，对于面向对象的软件来说，主要还是根据动态模型和描述系统行为的脚本来设计确认测试用例。目前，面向对象软件的测试用例的设计方法，还处于研究和发展阶段。与传统软件测试（测试用例的设计由软件的输入、处理和输出视图或单个模块的算法细节驱动）不同，面向对象测试关注于设计适当的操作序列以检查类的状态，这里主要讲述测试类的方法。

前面已经讲过，软件测试从“小型测试”开始，逐步过渡到“大型测试”。对面向对象的软件来说，小型测试着重测试单个类和类中封装的方法。测试单个类的方法主要有随机测试，划分测试和基于故障的测试 3 种。

1）随机测试

下面通过银行应用系统的例子，简要地说明这种测试方法。该系统的 account（账户）类有下列操作：open（打开）、set up（建立）、deposit（存款）、withdraw（取款）、balance（余额）、summuarize（清单）、creditlimit（透支）和 close（关闭）。上面每个操作都可以应用于 account 类的实例，但是该系统的性质也对操作的应用施加了一些限制，例如，必须在应用其他操作之前先打开账户，在完成全部操作之后才能关闭账户。即使有这些限制，可做的操作也有许多种选择的方法。一个 account 类实例的最小行为历史包括下列操作：

open（打开）、set up（建立）、deposit（存款）、withdraw（取款）和 close（关闭）

这就是对 account 类的最小测试序列。但是，在下面的序列中可能发生许多其他行为。从上列序列可以随机地产生一系列不同的操作序列，执行上述及另外一些随机产生的测试。

2）划分测试

与测试传统软件时采用等价划分方法类似，采用划分测试方法可以减少测试类时所需的测试用例的数量。该方法先把输入和输出分类，然后设计调试用例以测试划分出的每个类别。

3)基于故障的测试

基于故障的测试与传统的错误推测法类似，也是首先推测软件中可能有的错误，然后设计出软件中可能发现这些错误的测试用例。例如，软件工程师经常在问题的边界处犯错误，因此，在测试SQRT(计算平方根)操作(该操作在输入为负数时返回出错信息)时，应该着重检查边界情况，如一个接近零的负数和零本身。

(三)面向对象方法对测试的影响

1. 信息隐蔽对测试的影响

面向对象的软件系统在运行时刻由一组协调工作的对象组成，对象具有一定的状态，所以对面向对象的程序测试来说，对象的状态是必须考虑的因素。测试应涉及对象的初态、输入参数、输出参数和对象的终态。对象只有在接收有关信息后才被激活来进行所请求的操作，并将结果返回给发送者。在工作过程中对象的状态可能被修改并产生新的状态，面向对象软件测试的基本工作就是创建对象，向对象发送一系列消息然后检查结果对象的状态看其是否处于正确的状态。问题是对象的状态往往是隐蔽的，若类中未提供足够的存取函数来表明对象的实现方式和内部状态，则测试者必须增添这样的函数。因此，类的信息隐蔽机制给测试带来了困难。

2. 封装性对测试的影响

为了检查私有和保护属性的函数和数据，测试时要在原来的类的定义中增加一些专用函数来访问这些成员。而且，测试应考虑到对象的初态、输入、输出和对象的终态，面向对象的封装性给对象状态的观察、测试用例选取、测试点的确定等带来困难。

3. 继承性对测试的影响

继承使父类的属性和操作可以通过实例化产生的子类和对象所继承。子类不但继承了父类的特征，还能对其进行重定义。因此，继承的方法和重定义的方法在子类的环境中都要重新测试。一般情况下分为单继承、多重继承和重复继承，多重继承和重复继承会出现在多个父类中重名的变量和函数的情况，容易引起混乱，同时使子类的复杂性显著提高，出现隐含错误的可能性大大增加，因此在实际中不提倡这种用法。

(四)多态性对测试的影响

重载是多态的一种常见形式，它允许几个函数有相同的名字，而所带的参数类型不同。它使得系统在运行时能自动为给定的消息选择合适的实现代码，但它所带来的不确定性，也使得传统测试实践中的静态分析法遇到了不可逾越的障碍。而且它们也增加了系统运行中可能的执行路径，加大了测试用例的选取难度和数量。这种不确定性和骤然增加的路径组合给测试覆盖率的满足带来了挑战。

第七节　软件测试的发展趋势

在软件业比较发达的国家，特别是美国，软件测试已经发展成为一个独立的产业，主要体现在：软件测试在软件公司中占有重要的地位。软件测试理论研究蓬勃发展，每年举办各种各样的测试技术年会，发表大量的软件测试研究论文，引领软件测试理论研究的国际潮流。美国有一些专业公司开发软件测试标准与测试工具，MI、Compuware、MaCabe、Rational 等都是著名的软件测试工具提供商，它们出品的测试工具已经占领了国际市场。目前我国使用的主流测试工具大部分是国外的产品，而且在世界各地都可以看到。可见国外的软件测试已经形成了较完善的产业。

中国的软件测试技术研究起步于“六五”期间，主要是随着软件工程的研究而逐步发展起来的，由于起步较晚，与国际先进水平相比差距较大。直到1990年，随着国家级的中国软件评测中心的建立，测试服务才逐步开展起来。因此，我国无论是在软件测试理论研究还是在测试实践上，与发达国家相比都有不小的差距。主要体现在对软件产品化测试的技术研究还比较贫乏，从业人员较少，测试服务没有形成足够的规模等方面。但是，随着我国软件产业的蓬勃发展以及对软件质量的重视，软件测试也越来越被人们所看重，软件测试正在逐步成为一个新兴的产业。经过一段时间的发展，我们会逐步缩小与发达国家的差距，从而带动整个软件产业的快速发展。

纵观国内外软件测试的发展现状，可以看到软件测试有以下的发展趋势。

(1)测试工作将进一步前移。软件测试不仅仅是单元测试，集成测试，系统测试和验收热点。

(2)软件架构师、开发工程师、QA人员、测试工程师将进行更好的融合。他们之间要成为伙伴关系，而不是对立的关系，以使彼此可以相互借鉴、相互促进，而且软件测试工程师应该尽早地介入整个工程，在软件定义阶段就要开发相应的测试方法，使得每一个需求定义都可以测试。

(3)测试职业将得到充分的尊重。测试工程师和开发工程师不仅是矛盾体，也是相互协调的统一体。

软件测试技术一般是指基于预定方案和流程对软件产品的性能和功能进行测试的技术方法，必要时也会涉及测试代码编写，分析评估问题等操作。通常软件测试技术主要负责测试软件的精确性和正确性，容错性，效率与性能，易用性和文档，以便及时发现不足并予以改善，进而提高软件的整体性能和水平。故在软件开发过程中有着不可动摇的地位。

经过长期发展，软件测试内涵日趋丰富，技术更为先进，为软件质量控制提供了强有力的支持，而且正逐步走向网络化，标准化，通用化和智能化，如云测试技术可基于服务化和虚拟化的资源测试与集成测试提高软件测试的效率；冒烟测试可通过在不同阶段进行针对性测试降低正式测试负担；基于嵌入式软件测试技术既可简化测试操作，也可提高测试效果等，这些均为软件质量的改善提供了保障。

但随着软件开发的多样化和复杂化，对软件测试技术也提出了更高的要求，其现有的弊端也逐渐暴露出来。如在软件开发周期中，软件测试技术只被视为一个事后行为，而不是贯穿于整个流程，致使软件错误发现较晚，补救代价较大，软件质量水平不高；多数软件测试技术理论十分先进，且考虑周到，评价较高，但当其真正应用于一定的环境和项目中时往往会处于尴尬境地，进而影响软件测试顺利开展，所以合理衔接理论和实际，提高技术的可操作性尤为关键；由于软件测试涉及很大的工作量，几乎每个程序都需要考虑诸多逻辑路径，而且输入验证非常困难，故其自动化水平较低，充分性也无法得到有效保障；此外，我国软件测试规范和标准也亟待统一。

由上可知，我国目前的软件测试技术发展水平并不十分理想，而且制约因素较多，在一定程度上限制了其效用的发挥和软件质量的提高。因此以后的软件测试技术可能会呈现出下述几个特点。

(1)测试范围会有所延伸。由于只在软件开发测试环节应用测试技术，无疑会放大需求和设计环节的缺陷，显然这种亡羊补牢式的测试无助于软件质量的进一步提升。因此未来的软件测试技术应渗透于软件开发的全过程，并强调统计分析测试数据，用于评估软件的质量趋势，以便做到事前预防和控制；而且与传统测试方法相比，其不仅利于软件缺陷的规避，质量风险的降低，也可缩短测试反馈和软件开发周期，进而节约成本费用，增加软件综合效益。如融合了整个软件开发周期的驱动测试技术，便强化了测试目标的有效性和覆盖率，开发了既可用又整洁的代码。

(2)测试规范会逐步实现。在软件测试过程中,测试代码往往会花费大量精力,而这无疑是制约软件测试技术规范化的重要障碍,因此为尽快使其走向标准化和规范化,就应引入软件易测试性设计,即在不影响软件复杂性的前提下,将易测试原则渗透在软件设计与编码中,以此提高测试规范和效率 。其中合约式方法可对软件做什么,怎样做等予以明确,并经前置,后置,循环变式,不变式等条件降低代码测试工作量,以及实现快速定位故障,同时借助 iContract、Jass 等针对 Java 语言的工具可对合约进行检查,以便降低用户负担和犯错机会,进而改善软件设计的实际效率和运行质量。

(3)测试技术会日趋成熟。随着软件测试理论研究的不断深入,以及现代技术的不断发展,软件测试技术必将会日趋成熟和先进,同时软件开发技术的层出不穷也会带动测试技术快速发展。以面向对象技术为例,其继承性、封装性、多态性等自身特点致使原有的软件测试技术难以发挥效用,因此面向对象的软件测试方法应运而生,预计云测试、嵌入式测试、冒烟测试等前沿技术和研究热点将会不断完善和成熟。

(4)自动化程度会有提高。对于软件测试而言,每个环节每个步骤都有可能进行反复测试,其中一个 IF 语句的增加就需要增加数倍的测试用例数目,故其自动化测试技术将会成为日后的发展重点。如国外的软件测试,都基于综合性强,通用性好的 ATS 以及软硬件公共平台,为软件自动化测试系统开发奠定了有力基础,并形成了以软件设计为启示,以共同测试为策略,以增值开发为手段的系统模式,加之 TPS 可移植,软件可重用,仪器设备成熟且标准,不仅提高了软件测试效率和效果,也降低了时间和成本,这一点值得我们借鉴。

软件测试的行业目前状况:

(1)软件测试人才缺口。

(2)开发人员和测试人员的严重失衡。

(3)随着企业对软件质量的要求越来越高软件测试越来越被重视。

软件测试工作对软件项目的重要性,从微软人员架构上就可见,在微软内部,软件测试人员与软件开发人员的比率为1～2,一个开发人员背后,至少两位测试人员在工作,国内软件企业中这一比例却仅在1∶5至1∶8之间。

软件测试工程师的工作非常重要,在国内,软件测试工程师的重要性也就是这两三年才被认识到,2005年10月25日,劳动部正式将软件测试工程师列为第四批新职业。把该职位列为最紧缺人才,薪资待遇在官方公布的工资指导价位上已经超过程序员,就业前景非常好。

第八节　小　结

软件测试是软件生存周期中一个独立且关键的阶段,也是保证软件质量的重要手段。软件测试包括技术、工具、规程和管理4个方面,它是开发高质量软件的重要手段。测试只能发现软件的错误,但是不能证明软件已经没有错误。

软件测试过程按测试的先后次序可分为5个步骤,即单元测试、集成测试、确认测试、系统测试和验收测试。

白盒测试法是以程序的内部逻辑为依据对程序的内部结构进行测试。合理的白盒测试,就是要选取足够的测试用例,对源代码进行比较充分的覆盖,以便尽可能多地发现程序中的错误。

黑盒测试注重于测试软件的功能性需求,需要测试软件产品的功能,不需测试软件产品的内部结构和处理过程。黑盆测试法不可能进行完全的测试,要企图遍历所有输入数据是不可能的。

软件测试的目的是尽可能多地发现软件中的缺陷,而调试则是在进行了成功的测试之后才开始的工作。其目的是确定错误的原因和位置,并改正错误。调试不是测试,但是它总是发生在测试之后。

软件的可维护性是在软件开发的各个阶段形成的，所以，必须将提高软件的可维护性贯穿在软件开发的各个环节。了解和掌握软件生存周期的各个阶段对软件可维护性的影响，对软件开发人员及广大软件维护人员的实际工作大有裨益。

第六章　软件维护

软件维护阶段覆盖了从软件交付使用到软件被淘汰为止的整个时期，它是在软件交付使用后，为了改正软件中隐藏的错误，或者为了使软件适应新的环境，或者为了扩充和完善软件的功能或性能而修改软件的过程。一个软件的开发时间可能需要一两年，但它的使用时间可能要几年或几十年，而整个使用期都可能需要进行软件维护，所以软件维护的代价是很大的，而且维护的代价还在逐年上升。因此，如何提高软件维护的效率，降低维护的代价成为十分重要的问题。本章主要介绍了软件维护的定义，过程，软件的可维护性以及软件再工程等。

软件维护(Software Maintenance)是一个软件工程名词，是指在软件产品发布后，因修正错误，提升性能或其他属性而进行的软件修改。

在软件产品被开发出来并交付用户使用之后，就进入了软件的运行维护阶段。这个阶段是软件生命周期的最后一个阶段，其基本任务是保证软件在一个相当长的时期能够正常运行。

软件维护需要的工作量很大，平均来说，大型软件的维护成本高达开发成本的 4 倍左右。目前国外许多软件开发组织把 60％以上的人力用于维护已有的软件，而且随着软件数量增多和使用寿命延长，这个比例还在持续上升。未来维护工作甚至可能会束缚住软件开发组织的手脚，使他们没有余力开发新的软件。

第一节 软件维护概念

作为软件生命周期中的一项重要活动，软件维护有许多不同的定义。最经典的定义来自于IEEE软件维护标准IEEE STD 1219—1993：在软件交付之后为了订正错误，改善性能或其他属性，或者适应变化的环境而进行的修改软件系统或构件的过程。

据估算，维护的消耗占应用开发项目整个生命周期40%～90%的成本。最著名的维护工作就是2000年问题，应用系统需要进行大量的修改工作才能处理千年的年份数据。这是一种维护工作，因为要确保已经交付的应用系统能够继续工作。

(一)2000年问题

2000年问题在国外一般简称为Y2K。从狭义的范围讲，就是指在使用了计算机软、硬件以及数字化程序控制芯片的各种设备和业务处理系统中，由于只使用了两位十进制数来表示年份，因此，当日期从1999年12月31日进入2000年1月1日后，系统将无法正常识别由“00”表示的2000年这一具体年份，从而带来跟年份和日期有关的处理错误，引发各种各样的计算机业务处理系统和控制系统的功能紊乱。更广泛地讲，2000年问题还应该主要包括下面3个方面的内容：

1)由于只使用两位数字表示年份，在进入2000年以后，把代表年份的数字域“00”解释为“1900”年，这样，涉及年份的计算和排序等操作就会发生错误。

2)在很多系统中，字符串“00”或“99”被赋予了特殊的意义，如存档，特殊处理，甚至档案删除等，这样，进入1999年后，系统也会由于将字符串“00”或“99”解释为特殊的含义而发生紊乱。

3)2000年是闰年，而在很多系统的时钟日历中，由于当初设计上的疏忽，把2000年处理为普通年，这样该系统的日历中就没有 2000 年 2 月 29 日，从而引起混乱。

上面 3 种问题中，以第一种问题表现得最为突出。也是 2000 年问题的一般性定义，它又具体体现在以下 3 个方面：

(1)计算错误，即程序在对年份进行计算时，由于年份解释错误而得出了错误的结果。

例如，银行用计算机为储户计算利息时，一笔 1999 年存入的款项到了 2000 年后其利息会被计算成为(2000－1999)×年息。

(2)表示错误，即在应用系统的输出显示中，用“00”表示“2000”年，引起理解上的混乱。

(3)位数溢出错误，对于那些使用较少位数来表示年份的芯片系统中，1999 年之后的年份将造成芯片处理程序出错，因而无法正常工作。

(二)软件维护活动的分类

软件维护是指软件系统交付使用以后，为了改正错误或满足新的需求而修改软件的过程。软件维护工作处于软件生命期的最后阶段，维护阶段是软件生存期中最长的一个阶段，所花费的人力，物力最多，其花费高达整个软件生命期花费的约 60%～70%。因为计算机程序总是会发生变化，对隐含错误的修改，新功能的加入，环境变化造成的程序变动等。因此，应该充分认识到维护工作的重要性和迫切性，提高软件的可维护性，减少维护的工作量和费用，延长已经开发软件的生命期，以发挥其应有的效益。维护的类型有以下几种。

1. 改正性维护

软件交付后，由于开发时测试工作的不彻底，必然会有一部分隐藏的错误在某些特定的使用环境下暴露出来。为了纠正软件中隐藏的错误，改正软件性能上的缺陷，应当进行的诊断和改正错误的过程，就叫作改正性维护。例如，程序在计算除法时，没有判断分母是否为零，导致程序运行失败，纠正软件中的这个缺陷的过程就是改正性维护。对在测试阶段未能发现的,在软件投入使用后才逐渐暴露出来的错误的测试、诊断、定位、纠错以及验证,修改的回归测试过程。

2. 适应性维护

随着计算机技术的飞速发展,外部环境(新的硬、软件配置)或数据环境(数据库、数据存储介质、数据格式、数据输入/输出方式)可能发生变化,为了使软件适应这种变化,而去修改软件的过程就叫作适应性维护。例如操作系统升级到 Vista,导致某些程序无法正确运行。要使运行的软件能适应运行环境的变动而修改软件的过程。

3. 完善性维护

在软件的使用过程中,用户往往要求对软件进行功能上的扩充,或提出新的性能要求。这种情况下进行的维护活动叫作完善性维护。例如,用户要求在企业的 MIS 系统中增加通过短消息发送通知的功能。扩充原有系统的功能,提高原有系统的性能,满足用户的实际需要。

4. 预防性维护

预防性维护是为了提高软件的可维护性和可靠性等,为以后进一步改进软件打下良好基础。通常预防性维护定义为:把今天的方法学用于昨天的系统以满足明天的需要。也就是说,采用先进的软件工程方法对需要维护的软件或软件中的某一部分(重新)进行设计、编制和测试。逆向工程和重构工程是预防性维护采用的主要技术。为了进一步改善软件的可靠性和易维护性,或者为将来的维护奠定更好的基础而对软件进行修改。

在维护阶段的最初一两年内,改正性维护的工作量较大。随着错误发现量急剧降低,软件趋于稳定,进入正常使用期。然而,由于改造的要求,适应性维护和完善性维护的工作量逐步增加。

实践表明，在几种维护活动中，完善性维护所占的比重最大，来自用户要求扩充，加强软件功能，性能的维护活动约占整个维护工作的50%。在整个软件维护阶段所花费的全部工作量中，预防性维护只占很小的比例，而完善性维护占了几乎一半的工作量，软件维护活动所花费的工作占整个生存期工作量的70%以上。

所谓软件维护就是在软件已经交付使用之后，为了改正错误或满足新的需要而修改软件的过程。可以通过描述软件交付使用后可能进行的4项活动，具体地定义软件维护。

国标GB/T 11457—1995给出如下定义：在软件产品交付使用后对其进行修改，以纠正故障，改进其性能和其他属性，或使产品适应改变了的环境。

因为软件测试不可能暴露出一个大型软件系统中所有潜藏的错误，所以必然会有一项维护活动：在任何大型程序的使用期间，用户必然会发现程序错误，并且把他们遇到的问题报告给维护人员。把诊断和改正错误的过程称为改正性维护。

第二节 软件维护的工作量

软件维护活动分为生产性活动和非生产性活动。生产性活动包括分析评价，修改设计和编写程序代码等；非生产性活动包括理解程序代码功能，数据结构，接口特点和设计约束等。

维护活动的总工作量可以用以下公式表示：

$$M=P+Ke^{c-d}$$

其中：M表示维护工作的总工作量，P表示生产性活动的工作量复杂性程度，d表示维护人员对软件的熟悉程度。

这个公式表明，随着c的增加和d的减小，维护工作量呈指数规律增加。c增加表示软件未采用软件工程方法开发，d减小表示维护人员不是原来的开发人员，对软件的熟悉程度低，重新理解软件花费很多的时间。

维护活动分为生产性活动和非生产性活动。生产性活动包括分析评价、修改设计和编写程序代码等。非生产性活动包括理解程序代码、解释数据结构、接口特点和设计约束等。

(一)Belady 和 Lehman 提出软件维护工作模型

$$M=P+K\exp(C-D)$$

式中:M 为维护总工作量;P 为生产性活动;K 为经验常数;C 为程序复杂度(由非结构化维护引起的);D 为对维护软件熟悉程度的度量。

由上式可以发现,C 越大,D 越小,那么维护工作量就成指数增加。C 增加主要因为软件采用非结构化设计,程序复杂性高;D 减小表示维护人员不是原来的开发人员,不熟悉程序,理解程序花费太多时间。

(二)软件维护的代价

软件维护的费用占整个软件开发费用的 55%～70%,并且所占比例在逐年上升。而且维护中还可能产生新的潜在错误。例如 1970 年维护费用约占软件开发费用的 40%,到 1990 年维护费用所占比例就超过了 70%。另外维护还包含了无形的资源占用,包括大量地使用很多硬件、软件和软件工程师等资源。

在软件维护时,直接影响维护成本和工作量的因素很多,主要如下:

(1)系统规模大小。系统规模大小直接影响维护工作量,系统规模越大,仅仅看懂理解就很困难,维护的工作量就更多。系统规模主要由源代码行数,程序模块数,数据接口文件数,使用数据库规模大小等因素衡量。

(2)程序设计语言。解决相同的问题选择不同的程序设计语言,得到的程序的规模可能不同。

(3)系统使用年限。使用年限长的老系统维护比新系统所需要的工作量更多。

(4)软件开发新技术的应用。软件开发过程中，使用先进的分析和设计技术以及程序设计技术，如：面向对象的技术、构件技术、可视化程序设计技术等，可以减少维护工作量。

(5)设计过程中的技术。在具体对软件进行维护时，影响维护工作量的其他因素还有很多，例如设计过程中应用的类型、数学模型、任务的难度、开关与标记、IF 嵌套深度、索引或下标数等。

第三节　软件维护的过程

在软件维护工作开始之前，首先要建立维护机构，由这个机构为每个维护申请确定标准化的维护流程，建立维护活动的记录及进行评价等。

(一)维护机构

较大的软件开发公司通常建立正式的维护机构。对于小一些的软件开发公司而言，虽然不要求建立一个正式的维护机构，但是确定非正式的委托责任也是非常必要的。在开始维护之前把责任明确下来，可以大大减少维护过程中的混乱。维护机构至少应该包括以下角色。

(1)维护管理员。接受维护申请，将维护要求转交给相应的系统管理员去评价。

(2)系统管理员。维护机构包括多个系统管理员，分别熟悉一部分产品程序。系统管理员对维护任务做出评价后提供给变化授权人。

(3)变化授权人。决定应该进行的维护活动，确定如何进行修改。

(4)配置管理员。在维护人员对程序进行修改的过程中，严格把关，控制修改的范围，对软件配置进行审计。

软件配置是指一个软件在生存周期内，它的各种形式，各种版本的文档与程序的总称。配置管理的工具包括配置管理数据库和版本控制库。前者是对所有软件产品进行宏观管理的工具，后者着眼于单个的产品，以文件的形式记录。

(二)维护申请

申请维护的用户应该向维护机构提交维护申请。维护申请是由软件组织外部提交的文档，它是计划维护工作的基础。对于改正性维护，用户必须完整地说明产生错误的情况，包括输入数据、错误清单以及其他有关材料。对于适应性维护或完善性维护，用户必须提出一份修改说明书。维护申请报告将由维护管理员和系统管理员来研究处理。维护申请包括维护所需的工作量、修改变动的性质、优先级以及预计修改后的结果。

(三)维护工作流程

首先确认维护要求，维护人员需要与用户反复协商。弄清楚用户需求，错误概况以及对业务的影响大小，然后由维护管理员确认维护类型。

对不同类型的维护申请，有一些需要进行的同样的技术工作，例如修改软件需求说明、修改软件设计、设计评审、修改源程序、单元测试、回归测试、软件配置评审等。对于改正性维护申请，首先评价错误的严重性。如果错误很严重，就必须立刻安排人员，在系统管理员的指导下进行紧急维护。如果错误不严重，可根据任务和资源等情况，进行排队后统一安排时间。

对于适应性维护和完善性维护申请，首先确定各项申请的优先顺序。先从优先级高的维护申请开始，按照优先级的高低，进行排队，统一安排时间，开始维护工作。图 6-1 为软件维护的工作流程。

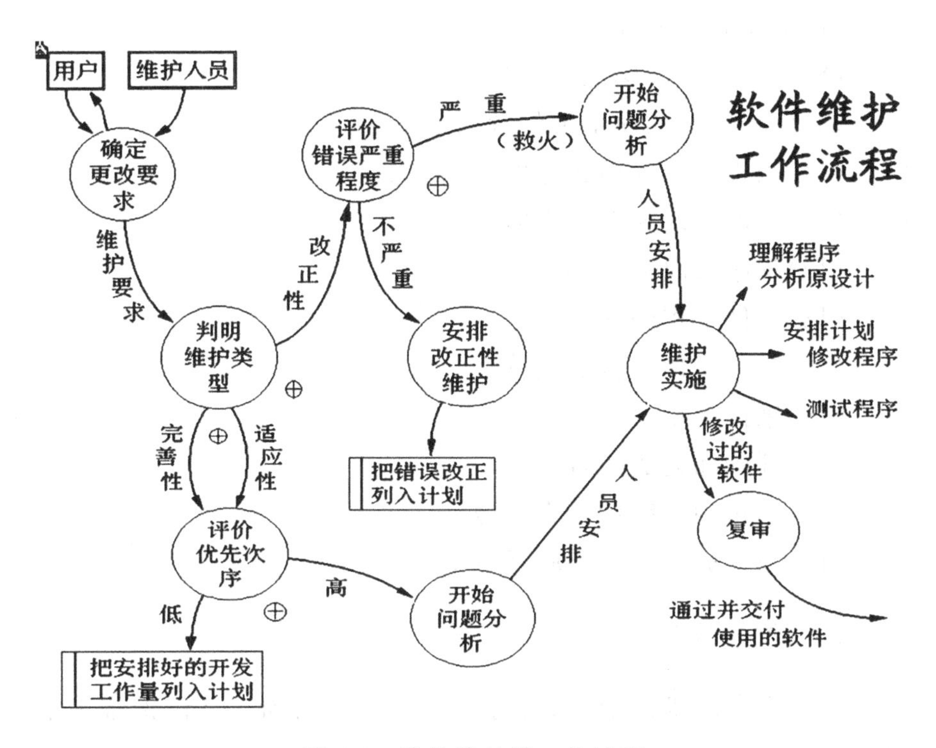

图 6-1 软件维护的工作流程

(四)维护记录

在每次软件维护任务完成后,应该进行一次情况评审,以确认在目前情况下,设计,编码,测试中的哪一方面还可以改进;哪些维护资源应该用上但实际上并没有用上;主要、次要的障碍是什么,从维护申请的类型来看是否应当有预防性维护。如果缺乏可行的数据,就难以评价维护活动。评价维护活动可参考的数据有。

(1)程序名称。

(2)源代码语句数。

(3)机器指令条数。

(4)使用的程序设计语言。

(5)程序安装日期。

(6)从安装以来程序运行的次数。

(7)从安装以来程序失效的次数。

(8)程序变动的层次和名称。

(9)因程序变动而增加的源语句数。

(10)因程序变动而删除的源语句数。

(11)每次修改耗费的人时数。

(12)程序修改的日期。

(13)软件工程师的名字。

(14)维护申请报告的名称。

(15)维护类型。

(16)开始和完成的日期。

(17)累积用于维护的人时效。

(18)与完成的维护相联系的效益。

(五)维护评价

有了可靠的维护记录,就可以评价维护活动了。评价维护活动可参考的度量值有:

(1)每次程序运行时的平均出错次数。

(2)花费在每类维护上的总“人时”数。

(3)每个程序,每种语言,每种维护类型的程序平均修改次数。

(4)因为维护,增加或删除每个源程序语句所花费的平均“人时”数。

(5)用于每种语言的平均“人时”数。

(6)维护申请报告的平均处理时间。

(7)各类维护申请的百分比。

这几种度量值提供了定量的数据。据此可对开发技术,语言选择、维护工作计划、资源分配以及其他许多方面做出判定。因此,这些数据可以用来评价维护工作。

维护过程本质上是修改和压缩了的软件定义和开发过程,而且事实上远在提出一项维护要求之前,与软件维护有关的工作已经开始了。首先必须建立一个维护组织，随后必须确定报告和评价的过程，而且必须为每个维护要求规定一个标准化的事件序列。此外，还应该建立一个适用于维护活动的记录保管过程，并且规定复审标准。

(六)软件维护支援技术

在软件开发阶段用来减少错误，提高软件可维护性的技术。涉及软件开发的所有阶段。维护支援技术是在软件维护阶段用来提高维护作业的效率和质量的技术。包括：

(1)信息收集：收集有关系统在运行过程中的各种问题。

(2)错误原因分析：分析所收集到的信息，分析出错的原因。

(3)软件分析与理解：只有对需要维护的软件进行认真的理解，才保证软件维护正确进行。

(4)维护方案评价：在进行维护修改前，要确定维护方案，并由相关的组织进行评审通过后才能执行。

(5)代码与文档修改：实施维护方案。

(6)修改后的确认：经过修改的软件，需要重新进行测试。

(7)远距离的维护：对于网络系统，可以通过远程控制进行维护。

除大的软件公司外，通常在软件维护工作方面，并不保持一个正式的组织。在软件开发部门，确立一个非正式的维护组织即非正式的维护管理员来负责维护工作却是绝对必要的。

软件维护工作不仅是技术性的，它还需要大量的管理工作与之相配合，才能保证维护工作的质量。管理部门应对提交的修改方案进行分析和审查，并对修改带来的影响作充分的估计，对于不妥的修改予以撤销。需修改主文档时，管理部门更应仔细审查。

(七)软件维护的步骤

1. 修改性维护

对于修改性维护工作，从评价错误的严重性开始，如果是一个严重的错误(例如一个关键性的系统不能正常运行)。则在系统管理员的指导下分派人员并且立即开始问题分析过程,如果错误并不严重,那么修改性的维护和其他要求软件开发资源的任务一起统筹安排。适应性和完善性维护申请,需要确定每项申请的优先次序,并且安排要求的工作时间,就好像它是另一个开发任务一样(从所有意图和目标来看,它都用于开发工作)。如果一项维护要求的优先次序非常高,可能立即开始维护工作。

2. 设计,复查,代码修改

不管维护类型如何,都需要进行同样的技术工作,这些工作包括修改软件设计,复查,必要的代码修改,单元测试和集成测试(包括使用以前的测试方案的回归测试),验收测试和复审。不同类型的维护强调的重点不同,但是基本途径是相同的。维护工作流程中最后一个事件是状态评审,它再次检验软件配置的所有成分的有效性,并且保证事实上满足了维护要求表中的要求。

3. 救火维护

当然,也有并不完全符合上述维护过程的维护要求。当发生恶性的软件问题时,就出现所谓的“救火”维护要求,这种情况需要立即把资源用来解决问题。如果对一个组织来说,“救火”是常见的过程,那么必须怀疑它的管理能力和技术能力。

第四节 软件可维护性

软件可维护性是指软件能够被理解,并能纠正软件系统出现的错误和缺陷,以及为满足新的要求进行修改,扩充或压缩的容易程度。软件的可维护性,可使用性和可靠性是衡量软件质量的几个主要特性,也是用户最关心的问题之一。但影响软件质量的这些因素,目前还没有普遍适用的定量度量的方法。

可以把软件的可维护性定性地定义为：维护人员理解，改正，改动或改进这个软件的难易程度，强调提高可维护性是支配软件工程方法学所有步骤的关键目标。

维护就是在软件交付使用后进行的修改，修改之前必须理解待修改的对象，修改之后应该进行必要的测试，以保证所做的修改是正确的。如果是改正性维护，还必须预先进行调试以确定错误的具体位置。因此，决定软件可维护性的因素主要有下述 7 个。

1. 可理解性

软件可理解性表现为外来读者理解软件的结构，功能，接口和内部处理过程的难易程度。模块化（模块结构良好，高内聚，松耦合），详细的设计文档，结构化设计，程序内部的文档和良好的高级程序设计语言等，都对提高软件的可理解性有重要贡献。

一个可理解的软件主要应该具备的特性是：模块化，风格一致性，使用清晰明确的代码，使用有意义的数据名和过程名，结构化，完整性等。对于可理解性度量具体实施过程，Shneiderman 提出一种叫作“90～10 测试法”来衡量。即让有经验的程序员阅读 10 分钟要测试的程序，然后如能凭记忆和理解写出 90％的程序，则称该程序是可理解的。

可靠性表明一个软件按照用户的要求和设计目标，在给定的一段时间内正确执行的概率。可靠性的主要度量标准有：平均失效间隔时间，平均修复时间，有效性。度量可靠性的方法，主要有两类：

根据软件错误统计数字，进行可靠性预测。

根据软件复杂性，预测软件可靠性。

2. 可测试性

诊断和测试的容易程度取决于软件容易理解的程度。良好的文档对诊断和测试是至关重要的，此外，软件结构，可用的测试工具和调试工具，以及以前设计的测试过程也都是非常重要的。维护人员应该能够得到在开发阶段用过的测试方案，以便进行回归测试。在设计阶段应该尽力把软件设计成容易测试和容易诊断的。

对于程序模块来说，可以用程序复杂度来度量它的可测试性。模块的环形复杂度越大，可执行的路径就越多，因此，全面测试它的难度就越高。

可测试性表明论证软件正确性的容易程度。对于软件中的程序模块，可用程序复杂性来度量可测试性。明显地，程序的环路复杂性越大，程序的路径就越多，全面测试程序的难度就越大。

3. 可修改性

软件容易修改的程度和之前讲过的设计原理和启发规则直接有关(回顾)。耦合，内聚，信息隐藏，局部化，控制域与作用域的关系等，都影响软件的可修改性。

测试可修改性的一种定量方法是修改练习。基本思想是通过做几个简单的修改，来评价修改难度。设 C 是程序中各个模块的平均复杂性，n 是必须修改的模块数，A 是要修改的模块的平均复杂性。则修改的难度表示为：

$$D=A/C$$

在简单修改时当 $D>1$，说明该软件修改困难。A 和 C 可用任何一种度量程序复杂性的方法计算。

4. 可移植性

软件可移植性指的是，把程序从一种计算环境(硬件配置和操作系统)转移到另一种计算环境的难易程度。把与硬件，操作系统以及其他外部设备有关的程序代码集中放到特定的程序模块中，可以把因环境变化而必须修改的程序局限在少数程序模块中,从而降低修改的难度。

表明软件转移到一个新的计算环境的可能性的大小。或者软件能有效地在各种环境中运行的难易程度。一个可移植性好的软件应具有良好,灵活,不依赖于某一具体计算机或操作系统的性能。

5. 可重用性

重用(reuse)是指同一事物不做修改或稍加改动就能在不同环境中多次重复使用。大量使用可重用的软件构件来开发软件,可以从下述两个方面提高软件的可维护性:

(1)通常,可重用的软件构件在开发时经过很严格的测试,可靠性比较高,且在每次重用过程中都会发现并清除一些错误,随着时间推移,这样的构件将变成实质上无错误的。因此,软件中使用的可重用构件越多,软件的可靠性越高,改正性维护需求越少。

(2)很容易修改可重用的软件构件使之再次应用在新环境中,因此,软件中使用的可重用构件越多,适应性和完善性维护也就越容易。

6. 效率

效率表明一个软件能执行预定功能而又不浪费机器资源的程度。包括:内存容量,外存容量,通道容量和执行时间。效率表明一个软件能执行预定功能而又不浪费机器资源的程度。包括:内存容量,外存容量,通道容量和执行时间。

7. 可使用性

从用户的角度出发,可使用性是软件方便,实用,及易于使用的程度。一个可使用的程序应该易于使用,允许出错和修改,而且尽量保证用户在使用时不陷入混乱状态。从用户的角度出发,可使用性是软件方便,实用,及易于使用的程度。一个可使用的程序应该易于使用，允许出错和修改，而且尽量保证用户在使用时不陷入混乱状态。

软件的可维护性对于延长软件的生存期具有决定意义，因此必须考虑怎样才能提高软件的可维护性。为此，可从以下几个方面着手。

利用先进的软件开发技术是软件开发过程中提高软件质量，降低成本的有效方法之一，也是提高可维护性的有效的技术。常用的技术有：模块化，结构化程序设计，自动重建结构和重新格式化的工具等。例如，面向对象的软件开发方法就是一个非常实用而强有力的软件开发方法。

第五节　软件再工程

同任何事物一样每个软件产品或软件系统也要经历孕育、诞生、成长、成熟、衰亡等阶段，一般称为软件生存周期（软件生命周期）。软件工程在成熟的发展中，软件生命周期的全过程也得到了科学方法的指导。然而软件产品的成熟往往不是一次性的结果。软件维护是必不可少的。

一个公司投资了大量人力、物力、财力开发软件系统，是为了得到回报，所以要求软件的生命周期尽可能长，一般要求在10年以上。有些大型系统甚至已经有20多年历史，还在银行，电信，邮局等领域内占据重要地位。人们把这些旧的软件系统称为遗留系统。遗留系统中的代码量极大，大概有1000多亿行，其中很多是用COBOL语言或者FORTRAN语言开发的。

彻底淘汰这些旧系统并重新开发的代价是极其巨大的，也是不现实的。随着需求的变化，这些系统的软件维护是必不可少的。在计算机发展的早期，软件再工程很少引起人们的注意。今天，旧的体系结构严重束缚了新的设计。这种新的设计需要改变现有软件，如修复错误，增强性能，优化系统。但是，在这种改变的同时常常带来新的问题，特别是对于系统庞大而又在发挥重要作用的遗留系统中。一方面，用户希望提高已有的软件质量或满足新的需求，从而提高商业竞争力；另一方面，仅依靠维护和修正代码来实现以上要求是不可能的，而重新开发将付出更大的经济代价。因而对软件进行全部或者部分的改造成为软件维护阶段的最有效和必要的手段，即软件再工程。

（一）软件再工程的概念

软件再工程，也称软件再加工，是指通过软件逆向工程和正向工程，在充分理解原有软件的基础上，进行分解，综合，并将现有的软件系统重新构建，用于提高软件的可理解性，可维护性，可复用性或演化性，以适应新的需求的工程。逆向过程从源代码出发，旨在取得高一级抽象成果，再工程根据对对象系统更深层次的理解将其重构为另一种形式的软件产品。广义上说，任何可以改进人们对软件的理解和改进软件本身的活动都是软件再工程的内容。

遗留系统积累得越来越多，这类系统的大部分文档和设计信息都由于时间久远而丢失。

因此，我们需要通过对原有系统的源代码，设计记录以及其他文档资源的分析，才能得到原有系统的全面而详细的信息，为下一步的转化工作提供坚实基础。通过改造和重组，将原有系统转化为新的系统。

由于软件再工程重用了已有的软件资源，因而往往可以以更少的开销，更短的时间，更低的风险把软件系统改造成为一个新的系统，从而在操作，系统能力，功能，性能或易维护性和可支持性上得到改进。

软件再工程的通常包括两个阶段，即逆向工程阶段和正向工程阶段。逆向工程最初来自硬件。通过对竞争对手的硬件产品进行分解，了解竞争对手在设计和制造上的“隐秘”。成功的逆向工程应当通过考察产品的实际样品，导出该产品的一个或多个设计与制造的规格说明。软件的逆向工程是完全类似的。但是,要做逆向工程的软件常常不是竞争对手的,因为要受到法律约束,一般是本公司多年以前开发出来的程序,缺少文档和规格说明。

逆向工程即对既存系统的分析过程,明确系统各组成部分及其相互间的关系,并将系统以其他形式来表现。软件逆向工程从可运行的程序系统出发,对系统进行分析,生成对应的源程序,系统结构以及相关设计原理和算法思想的文档等,在高一级的抽象层次描述系统。它具有重大现实意义和经济价值,不但可以避免重复劳动,提高软件生产的效率和质量。而且可以将大量的遗留系统转化为易演化系统,从而充分有效地利用这些有用资产。逆向工程只不过是一个检测的过程,软件系统不被修改。否则,就成了软件重构。

正向工程即由抽象的,逻辑性的,不依存代码的设计逐步展开,直至具体代码实现的开发活动,即从需求规格设计到产品初次发布的过程或子过程。软件再工程与任何其他软件工程项目一样,可能遇到各种风险。管理人员必须在工程活动之前有所准备,采取适当对策,防止风险带来的损失。可能出现的风险有以下6种:

(1)过程风险:如过高的再工程人工成本,在规定的时间内未达到成本-效益要求,未从经济上规划再工程的投入;对再工程项目的人力投入放任自流;对再工程方案缺少管理的承诺。

(2)策略风险:对整个再工程方案的承诺不成熟;对暂定的目标无长期的打算;对程序,数据和工程过程缺乏全面的观点;无计划地使用再工程工具。

(3)应用风险:再工程项目缺少本应用领域专家的支持;对源程序中体现的业务知识不熟悉;再工程项目的工作完成得不够充分。

(4)技术风险:恢复的信息是无用的或未被充分利用,大批昂贵的文档被开发出来;逆向工程得到的成果不可共享;采用的再工程方法对再工程目标不适合;缺乏再工程的技术支持。

(5)人员风险:软件开发人员对再工程项目意见不一致;程序员工作效率低。

(6)工具风险:采用了不真实广告宣传的工具;未经过安装的工具。

(二)软件重构

软件重构是指在不改变软件的功能和外部可见性的情况下,为了改善软件的结构,提高清晰性,可扩展性和可重用性而对软件进行的改造。软件重构包括代码重构和数据重构。代码重构应用最新的设计和实现技术,修改老系统的代码,提高可维护性。软件重构不改变系统结构。

在软件工程学里,重构代码一词通常是指在不改变代码的外部行为情况下而修改源代码。在权限编程或其他敏捷方法学中,重构常常是软件开发循环的一部分:开发者轮流增加新的测试和功能,并重构代码来增进内部的清晰性和一致性。自动化的单元测试保证了重构不至于让代码停止工作。

代码重构用于提高代码的可读性或者改变代码内部结构与设计,并且移除死代码,使其在将来更容易维护。代码重构可能是结构的调整或是语意的转换,但前提是不影响代码在转换前后的行为,特别是在现有的程序的结构下,给一个程序增加一个新的行为可能会非常困难的情况下。开发人员可能先重构这部分代码,这样就容易加入新的行为。代码重构可以改进软件的设计,提高代码质量和可维护性,帮助尽早地发现错误,提高开发速度。

代码重构的常用方法有成员变量封装,方法提取,函数归父,函数归子和方法更名。软件再工程是对成品软件系统进行再次开发,软件维护期的适应性维护,完善性维护和预防性维护都属于再工程范畴[10]。与从无到有的软件开发不同,再工程面对的不是原始需求,而是已经存在的软件系统。是从已经存在的软件起步开发出新软件的过程。很多遗产系统正在被逐步地利用起来，但利用遗产系统的同时会遇到许多困难。

第六节 应用实例

计算机科学技术领域的各个方面都在迅速进步，大约每过36个月就有新一代的硬件宣告出现，经常推出新操作系统或旧系统的修改版本，时常增加或修改外部设备和其他系统部件；另一方面，应用软件的使用寿命却很容易超过10年，远远长于最初开发这个软件时的运行环境的寿命。因此，适应性维护，也就是为了和变化了的环境适当地配合而进行的修改软件的活动，是既必要又经常的维护活动。

当一个软件系统顺利地运行时，常常出现第三项维护活动：在使用软件的过程中用户往往提出增加新功能或修改已有功能的建议，还可能提出一般性的改进意见。为了满足这类要求，需要进行完善性维护。这项维护活动通常占软件维护工作的大部分。

当为了改进未来的可维护性或可靠性，或为了给未来的改进奠定更好的基础而修改软件时，出现了第四项维护活动。这项维护活动通常称为预防性维护，目前这项维护活动相对比较少。国外的统计数字表明，完善性维护占全部维护活动的50%～66%，改正性维护占17%～21%，适应性维护占18%～25%，其他维护活动只占4%左右。

在理想情况下，BPR应该自顶向下地进行，从标示主要的业务目标或子目标开始，而以生成业务（子）过程中每个任务的详细的规约结束。对一个业务过程进行再工程需要服从一定的原则。Hammer在1990年提出一组原则，用于指导BPR活动。原则如下。

(1)围绕结果而不是任务进行组织。

(2)让那些使用过程结果的人来执行流程。

(3)将信息处理工作合并到生产原始信息的现实工作中。

(4)将地理分散的资源视为好像它们是集中的。

(5)连接并行的活动以代替集成它们的结果。

(6)在工作完成的地方设置决策点,并将控制加入过程中。

(7)在其源头一次性获取数据。

维护申请表实例如表 6-2 所示

表 6-2　软件维护申请表

申请表编号　　　　　　　　　　　　　　申请日期：　年　　月　　日

<table>
<tr><td colspan="2">项目编号</td><td></td><td></td><td>项目名称</td><td></td></tr>
<tr><td rowspan="6">维护类别</td><td rowspan="4">软件维护</td><td>改正性</td><td></td><td colspan="2" rowspan="3">问题说明</td></tr>
<tr><td>完善性</td><td></td></tr>
<tr><td>适应性</td><td></td></tr>
<tr><td>预防性</td><td></td><td colspan="2" rowspan="3">维修要求</td></tr>
<tr><td rowspan="2">硬件维护</td><td>系统设备</td><td></td></tr>
<tr><td>外围设备</td><td></td></tr>
<tr><td colspan="2">维护优先级</td><td colspan="2"></td><td colspan="2" rowspan="3">申请评价结论：

评价负责人：　　　时间：</td></tr>
<tr><td colspan="2">维护方式</td><td colspan="2">远程/现场</td></tr>
<tr><td colspan="2">申请人</td><td colspan="2"></td></tr>
</table>

第七节　小　结

软件维护的定义是在软件交付之后为了订正错误、改善性能或功能,或者为了适应变化的环境而进行的修改软件系统或构件的过程。软件维护活动包括改正性维护、适应性维护、完善性维护和预防性维护。软件维护的过程包括建立维护机构、提交维护申请、维护、建立维护记录、审核、评价等。

软件的可维护性是指在规定使用条件下，在给定时间间隔内，软件保持在某一状态或恢复到某一指定状态的能力，软件能够被理解、纠正、适应和完善以适应新环境的难易程度。软件的可维护性反映了对软件进行维护的难易程度。软件的可维护性是软件产品的一个重要质量特性。

软件再工程，也称软件再加工，是指通过软件逆向工程和正向工程，在充分理解原有软件的基础上，进行分解和综合，并将现有的软件系统重新构建，用于提高软件的可理解性、可维护性、可复用性或演化性，以适应新的需求的工程。逆向过程从源代码出发，旨在取得高一级抽象成果，再工程根据对对象系统更深层次的理解将其重构为另一种形式的软件产品。

第七章 软件工程管理

第一节 软件工程管理的目标

软件开发者一致认为高质量的软件是一个重要的目标，但是我们如何定义质量呢？在软件质量保证中，我们提出了许多不同的方法来看待软件质量并介绍了一个定义，它强调了与清晰描述的功能和性能需求的符合性，明显的文档的开发标准，以及被认为是所有专业开发的软件所应具备的隐式特征。

毫无疑问上述定义可以被无休止地修改、扩展或讨论。针对本教材的目的，定义强调了以下三个要点：

(1)软件需求是质量测度的基础。需求符合性的缺乏也就是缺乏质量。

(2)特定的标推定义了一个开发标准，用以指导软件开发的方式。如果标准未能够遵守，那么缺少质量就几乎是肯定的结论。

(3)要有一套经常未被提及的隐式需求(例如，期望可维护性)。如果软件符合其显式的需求，但是未能满足隐式需求，软件质量仍是值得怀疑的。

软件质量是一个多因素的复杂混合，这些因素随着不同的应用和需要它们的用户而变化。以下章节标识了软件质量因素，以及如何获取它们。

(一)McGall 的质量因素

影响软件质量的因素可以分为两大类：可以直接制度的因素

(例如每个功能点的错误)和只能间接测度的因素(例如可用性和可维护性)在每种情况下测度都必须发生。我们必须对它们(文档、程序、数据)和一些数据作一些比较,并获得质量的指示。软件质量因素,集中在软件产品的三个重要方面:它的操作特性、承受改变的能力,以及对新环境的适应能力。

正确性是指一个程序满足它的需求规约和实现用户任务目标的程度。

可靠性是指一个程序期望以所需的精确度完成它的预期功能的程度。

完整性是指对未授权人员访问软件或数据酌可控制程度。

功效是指一个程序完成其功能所需的计算资源和代码的数量。

可用性是指学习,操作,准备输入和解释程序输出所需的工作量。

可维护性是指定位和修复程序中一个错误所需的工作量。(这是一个十分局限的定义活性修改一个运作的程序所需的工作量)。

可测试性是指测试一个程序以确保它完成所期望的功能所需的工作量。

可复用性一个程序可以在另外一个应用程序中复用的程度——这和程序完成的功能和范围相关。

可移植性是指把一个程序从一个硬件和/或软件系统环境移植到另一个环境所需的工作量。

互操作性是指连接一个系统和另一个系统所需的工作量。

很难在一些情况下去开发一个对以上的质量因素的直接测度,因此,定义一组度量,不幸的是许多 McCall 定义的度量值只能主观地测度。度量可以用检查表的形式,来给软件的特定属性进行评分。由 McCall 提出的评分方案是从 0(低)到 10(高)的范围。以下是用在评分方案中的度量:

能听度即标准的符合性可被检查的容易程度。

准确度即计算和控制的准确度。

通信公用度即标准界面,协议和带宽的使用程度。

完全性即所需功能完全实现的程度。

简洁度即以代码行数来评价程序的简洁程度。

一致性即在软件开发项目中一致的设计和文档技术的使用。

数据公用性即在整个程序中对标准数据结构和类型的使用。

容错度即当程序遇到错误时所造成的损失。

执行效率即一个程序的运行性能。

可扩展性即结构,数据或过程设计可被扩展的程度。

通用性即程序构件潜在的应用广度。

硬件独立性即软件独立于其运行之上的硬件的程度。

检自性即程序监视它自身的操作并且标识产生的错误的程度。

模块性即程序部件的功能独立性。

可操作性即程序操作的容易度。

安全性即控制和保护程序和数据的机制的可用度。

自包含文档即源代码提供有意义的文档程度。

简单性即一个程序可以没有困难地被理解的程度。

软件系统独立性即程序独立于非标准编程特性,操作系统和其他环境限制的程度。

可追溯性即从一个设计表示或实际程序部件追溯到需求说明的能力。

可培训性即软件支持使得新用户使用系统的能力。

(二)FURPS

软件质量的因素,简称为 FURPS,即功能性,可靠性,性能和支持度。质量因素是从早期工作中得出的,五个主要因素每一个都定义了如下评估方式:

(1)功能性:通过评价特征集和程序的能力,交付的函数的通用性,和整体系统的安全性来评估。

(2)可用性:通过考虑人的因素,整体美学,一致性和文档来评估。

(3)可靠性:通过测度错误的频率和严重程度,输出结果的准确度,平均失效间隔时间,从失效恢复的能力,程序的可预测性等来评估。

(4)性能:通过测度处理速度,响应时间,资源消耗,吞吐量和效率来评估。

(5)支持度:包括扩展程序的能力(可扩展性)、可适应性和服务性(这三个属性代表了一个更一般的概念——可维护性),以及可测试性,兼容度,可配置性(组织和控制软件配置的元素的能力)一个系统可以被安装的容易程度,问题可以被局部化的容易程度。

FURPS质量因素和上述描述的属性可以用来为软件过程中的每个活动建立质量度量。我们已讨论了一套软件质量测度定性因素。我们设法开发精确的软件质量的测度,但有时又会被活动的主观性质所困惑。决定质量在日常事件(美术设计比赛,运动赛事,智力竞赛等)中是一个关键因素。在这些情形下,质量是以最基本和最直接的方式来判定的,在相同的条件和预先决定的概念下并列对比物体。美术设计可以根据创意,色彩,思想性等进行评比。但是,这种类型的判定是十分主观的。为了最终得到某一个值,它必须由一个专家来判定。

主观性和特殊性同样应用于确定软件质量。为了解决这个问题,必须有一个对软件质量更为精确的定义。同样,为了客观地分析,需要一个方法来导出软件质量的定量测度。这不是绝对的,不能期望很精确地测度软件质量,因为每一个测度方法都是不完美的。在接下来的章节里,我们检查了一组软件度量,它们可以应用到软件质量的定量评价。在所有的场合里,度量代表着间接测度,也就是说,我们从来没有真正地测度质量,而是测度一些质量的表现。复杂的因素在于所测度的变量和软件质量间的准确关系。

第二节　软件项目管理

软件项目管理的解决，涉及系统工程学、统计学、心理学、社会学、经济学，乃至法律等方面的问题。需要用到多方面的综合知识，特别是要涉及社会的因素、精神的因素、人的因素，比技术问题复杂得多。不能简单地照搬国外的管理技术，必须结合工作条件、人员和社会环境等多种因素。管理得好就能带来效率，赢得时间，最终在技术前进的道路上取得领先地位。

(一)软件项目的特点

软件产品与其他任何产业的产品不同，它是无形的，完全没有物理通性。因此，难以理解和驾驭。但它确实是把思想、概念、算法、流程、组织、效率、优化等融合在一起了。文档编制的工作量在整个项目研制过程中占有很大的比重，但人们并不重视，这会直接响了软件的质量。软件开发工作技术性很强，要求参加工作的人员具有一定的技术水平和实际工作的经验。另外，人员的流动对工作的影响很大。离职人员不但带走了重要的信息，还带走了工作经验。

(二)软件项目管理的困难

(1)智力密集，可见性差：软件工程过程充满了大量高强度的脑力劳动。软件开发的成果是不可见的逻辑实体，软件产品的质量难以用简单的尺度衡量。对于不深入掌握软件知识或缺乏软件开发实践经验的人员，是不可能领导做好软件管理工作的。

(2)单件生产：在内容和形式各异的基础上研制或生产，与其他领域中大规模现代化生产有着很大的差别，也自然会给管理工作造成许多实际困难。

(3)劳动密集，自动化程度低：软件项目经历的各个阶段都渗透了大量的手工劳动。这些劳动十分细致且复杂和容易出错。尽管近年来已有了软件工具和CASE的研究,但远未达到自动化的程度。软件产品质量的提高自然受到了很大的影响。

(4)使用方法烦琐,维护困难。

(5)软件工作渗透了人的因素:不仅要求软件人员具有一定的技术水平和工作经验,而且还要求他们具有良好的心理素质。软件人员的情绪和他们的工作环境,对他们工作有很大的影响。

(三)技术度量的挑战

在过去许多年中,许多研究者尝试着开发能提供软件复杂度的全面测度的单一度量。尽管已经提出了很多的复杂度测度,但是每一种都对复杂度是什么以及是什么系统属性导致的复杂性持有不同的看法。例如,考虑一个评价有吸引力的汽车的度量,一些观察者可能强调车身的设计,另外一些会考虑机械特性,而有人会考虑成本,性能或燃料经济性,或当汽车需丢弃时的回收能力。因为这些特性中的任意一个都有可能和其他的产生不一致,这样很难给出吸引力一个单一的值。对计算机软件而言也会发生同样的问题。

但是,仍然有必要去测度和控制软件复杂度。并且如果这个"质量度量"的单一值难以获取的话,应该有可能去开发不同程序内部属性的度量(例如,有效模块度,功能独立性和其他属性),我们可用这些测度和从它们导出的度量作为分析和设计模型质量的独立指标。但是,可能出现的问题是:要去标识那么多不同属性的测度的度量,不可避免地要去满足有冲突的。在软件过程的早期阶段采取的技术测度给软件工程提供了评估质量的一个一致和客观的机制。但是,询问技术度量的正确性,即度量和基于计算机的系统的长期的可靠性及质量的符合程度有多少。

尽管软件产品的技术度量和它的外部产品和过程属性间存在直接的联系,实际上,还几乎没有一种科学的方法来表示这种特定的关系。有许多原因，最普遍的说法是进行相关实验是不实际的。

上述的每一个挑战都是一个值得警惕的原因，但是并不是损弃技术度量的原因。如果要获得质量，那么测度是很重要的。

（四）测度原则

前面我们介绍了一系列的技术度量，①辅助评价分析和设计模型；②提供了过程设计和源代码的复杂性指示；③辅助设计更为有效的测试。理解基本的测度原则是很重要的，有一种测度过程，特征是：①简洁表示，导出适合于所考虑软件的表示的软件测度和度量；②收条，用以积累导出简洁度量所需的数据的机制；③分析，计算度量值且应用数学工具；④解释，为了获得对所表示的质量的洞察，对度量结果进行评价；⑤反馈，把对技术度量的解释获得的建议递交给软件设计小组。可以和技术度量的表示相关联的原则如下：①应该在数据收集开始前确定测度的目标；②每一个技术度量应该以无二义的方式进行定义；③度量应该基于应用领域是正确的理论之上而导出。如设计度量应该基于基本的设计概念和原则而导出，并且设法提供所需的属性；④度量应该被设计成以最适应特定的产品和过程；⑤尽管简洁表示是一个关链的出发点，然而收集和分析是推进测度过程的活动。对这些活动也可建议用以下原则：①任何时候应尽可能使得收集和分析自动化；②应该应用正确的统计技术来建立内部产品属性和外部质量特性的关系。例如，结构复杂度层次和产品使用中报告的错误数是不是有关联；③应该给每个度量建立解释性的指南和建议。

除上面提到的原则以外，度量活动的成功也和管理支持紧密相关，如果要建立和维持一个技术度量计划，资金，培训能力提高均应该加以考虑。

（五）有效软件度量的属性

对计算机软件，已经提出过几百个度量，但是，并不是所有的都对软件工程有实际的支持,有些度量太复杂了,其他一些太深奥以至于很少有现实世界的专业人员能理解它们,另外一些则违反了高质量软件的实际的基本直觉概念。

其中有人定义了一组有效软件度量包含的属性,导出的度量及导致它的测度如下:简单的和可计算的。学习如何导出度量值应该是相对简单的,并且它的计算不应该要求过多的工作量和时间。经验和直觉上有说服力。度量应该满足工程师对于所考虑的产品的直觉概念(例如,一个测度模块内聚性的度量值应该随着内聚度的提高而提高)。

一致的和客观的。度量应该总是产生非二义性的结果。一个独立的第三方使用该软件的相同信息能够得到相同的度量值。

在其单位和维度的使用上是一致的。度量的数学计算应该使用不会导致奇异单位组合的测度。例如,把项目队伍的人员乘以程序中的编程语言的变量会引起一个直觉上没有说服力的单位组合。

编程语言独立的。度量应该基于分析模型,设计模型,或程序本身的结构。它们不应该依赖于不同的编程语言的语法。

质量反馈的有效机制。度量应该给软件工程师提供能导致更高质量的最终产品信息。尽管许多软件度量都满足上述的属性,一些普通应用的度量也可能会不满足其中一到两个属性。可以说一致性和客观性属性不满足,因为一个独立的第三方不可能获得和一个同事用相同的软件信息得到的同样的功能点。我们不能拒绝使用功能点度量。即使它不能很好地满足一个属性,功能点却提供了有用的洞察方法,且提供了清晰的值。

第三节 软件配置管理

软件工程的技术性工作开始于分析模型的创建。在这个阶段可以导出需求分析,并建立设计的基础,所以,提供对分析模型质量的洞察的技术度量是有必要的。尽管在文献里很少出现分析和规约度量，但是仍然有可能把针对项目应用导出的度量作适应性修改后用于这个语境中。这些度量以预测结果系统的大小为目的，来检查分析模型，有可能大小和设计复杂度将被直接相关联。

（一）基于功能的度量

功能点（FP）度量可以用来作为预测从分析模型得到的系统大小的手段。为了说明 FP 度量在该语境的使用，我们考虑一个简单的分析模型。一个功能数据流图，该功能管理用户交互，接收一个用户密码来启动或关闭系统，并且允许对安全区状态和不同安全传感器进行查询。该功能显示了一系列的提示信息且发送合适的控制信号到安全系统的不同部件。

为了确定用以计算功能点度量所需的关键测度，对数据流程图加以评估：

（1）用户输入数。

（2）用户输出数。

（3）用户查询数。

（4）文件数。

（5）外部接口数。

三个用户输入：密码，莫名奇妙的按键，和激活/非活动在图中有所显示，另外还有两个查询：零查询和传感器查询。还显示有一个文件（系统配置文件）。还有两个用户输出（信息和传感器状态）和四个外部接口测试传感器，零设置，激活/非激活及报警警报）。

基于从分析模型得到的项目四值，项目队伍可以估计 Saft Home 用户交互功能的整体实现后的大小。假设过去的数据表明一个 FP 转换成印行源代码（使用面向对象语言）且每个人月的工作量产生 12FP，这些历史数据给项目经理提供了基于分析模型而不是初步估计的重要的计划信息。

(二)"撞击值"度量

像功能点度量一样,bang 度量可以由分析模型得到对将要实现软件大小的表示。"撞击值"度量由 Tom De Marco 提出,它是一个实现独立的系统大小的表示。为了独立计算 bang,软件工程师必须首先评价一组原语——在分析层次不能再划分了的分析模型的元素。原语是通过评价分析模型和开发以下项的计数来决定的:

功能原语即在数据流图中最低层次的变换。

数据元素即数据对象的属性,数据元素不是复合数据且在数据字典里出现。

对象即数据对象。

关系即数据对象间的联系。

状态即在状态变迁图中用户可观察的状态数量。

变迁即在状态变迁图中用户状态变迁的数量。

除了上述的六个原语,另外如下的计数也需确定:

修改的手工功能原语即在系统边界之外且必须为了适应新系统而必须修改的功能。

输入数据元素即在输入到系统的数据元素。

输出数据元素即从系统输出的数据元素。

存储数据元素即被系统存储的数据元素。

数据记号存在第 i 个功能原语(为每一个原语评价)的边界上的数据记号(在一个功能原语内不能再分割的数据项)。

关系连接即在数据模型中连接第 i 个对象和其他的对象的关系。

大多数软件可以划分为以下两个领域之一,功能很强型或数据复杂型,这依赖于比率 RE/FUP。功能很强型应用程序(一般在工程和科学应用程序中遇到得多)强调数据的变换且通常没有复杂的数据结构。数据复杂型的应用程序(一般在信息系统应用程序中遇到得多)往往有复杂的数据模型。

第四节 软件质量管理

很难想象一个新的飞机，一个新的计算机芯片，或一个新的办公楼的设计可以在没有定义设计测度，确定设计质量的各个方面的度量，和使用它们来指导设计演化方式的情况下开始进行。然而，基于复杂软件的系统设计实际上经常在没有测度的情况下进行。软件的设计度量是可以获得的，但许多软件工程师却还忽视它的存在。和所有其他的软件度量一样，计算机软件的设计度量并不是完美的，在功效和应用方面还有争论。一些专家认为设计测度可在使用之前试验。以下几节将讨论一些计算机软件中常见的设计度量，尽管并不完美，但是可给设计者提供参考的方法并可帮助设计提高质量。

（一）高层设计度量

高层次的设计度量主要在程序体系结构的特征上，它强调了体系结构上的结构和模块的有效性，这些度量在某种意义上是黑盒的，它们不需要系统某一个特定模块的内部运作的知识。

有这样三个软件设计复杂度测度：结构复杂度，数据复杂度和系统复杂度。一个模块 i 的结构复杂度 $S(i)$ 可按如下方式定义：

$$S(i)=F_{out}^{2}(i)$$

式中，$F_{out}(i)$是模块 i 的扇出。

数据复杂度，$D(i)$提供一个模块 i 的内部接口的复杂度的指示，定义如下：

$$D(i)=V(i)/[F_{out}(i)+1]$$

式中，$V(i)$是模块 i 的输入输出变量的个数。

最后，系统复杂度，$C(i)$，定义为结构复杂度和数据复杂度的总和，如下定义：

$$C(i)=S(i)+D(i)$$

当其中的任何一个复杂度的值增大，整体的系统体系结构复杂度也随着提高，这导致集成和测试开销也随着上升的可能性增大。

一个早期高层次的体系结构设计度量也使用了扇入扇出。用如下形式的复杂性度量：

$$HKM=\text{length}(i)\times[F_{in}(i)+F_{out}(i)]^2$$

式中，length 是在模块 i 中编程语言语句的数目，fin(i)是模块 i 的扇入。这扩展了扇入扇出概念，包括了不仅是模块控制连接模块调用)，而且还包括当模块 i 所读取(扇入)或更新(扇出)另外模块的数据时，这些模块的数目。为了在设计中计算 HKM，必须用过程设计来估计模块 i 的编程语言语句的数目。度量值增大时会导致模块集成和测试开销也跟着上升的可能性也增大。有一些简单的形态(例如，外形)度量，使得不同的程序体系结构可以用一套简单的维度来加以比较。在图 7-1 中，可以定义下面的度量：

$$SIZE=n+a$$

式中，n 是节点(模块)的数目，a 是弧线(控制线)的数目。对于如图 7-1 所示的体系结构。

$$SIZE=17+18=35$$

深度＝从根节点到页节点的员长路径。对于如图 7-1 所示的体系结构，深度＝14。广度＝体系结构的任意一层的最大节点数。对于如图 7-1 所示的体系结构，广度＝6。弧和节点的比率 $r=a/n$。

测度了体系结构的连接密度且对体系结构的耦合提供了一个简单的指示。对于图 7-1 所示的体系结构，$r=18/17=1.06$。

美国空军系统司令部基于计算机程序的可测度设计特性开发了一组软件质量指示。使用了从数据和体系结构设计中获得的信息而导出了一个范围从 0 到 1 的设计结构质量指标(DSQI)。为了计算该指标，必须要获得以下值：

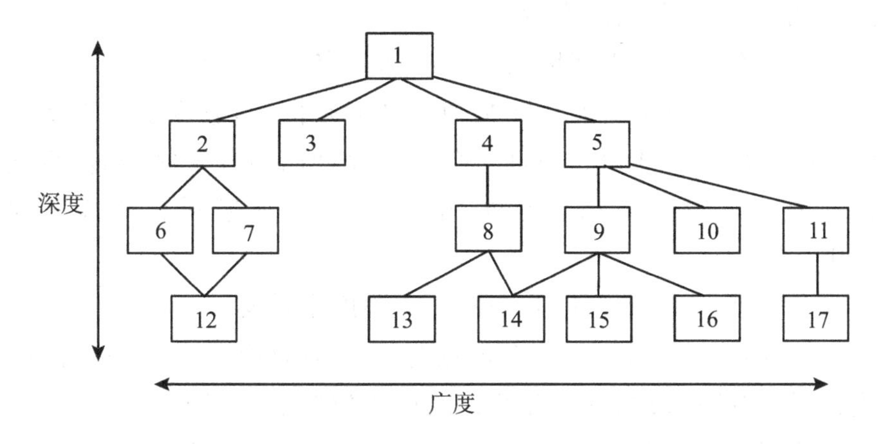

图 7-1　形态度量

S_1＝在程序体系结构中定义的模块总数

S_2＝其正确功能依赖于数据输入源或产生在其他地方使用的数据的模块数

S_3＝其正确功能依赖于前导处理的模块数

S_4＝数据库中的项目数(包括数据对象和所有定义对象的属性)

S_5＝独特的数据库项目的总数

S_6＝数据库段的数目(不同的记录或单个对象)

S_7＝有单个入口和出口的模块数目(异常处理不被看作是多重出口)

一旦一个计算机程序的 S_1 到 S_7 的值确定后，以下中间值可以计算出来：

程序结构：D_1，其中 D_1 如下定义：如果体系结构设计是用一个明显的方法来来开发的，那么 $D_1=1$，否则 $D_1=0$。

过去设计的 DSQI 值可以确定下来并和目前正在开发的设计相比较。如果 DSQI 明显低于平均值，意味着需要进一步设计和考虑，同样，如果将要对一个现存的设计做重要的改动。这些改动对 DSQI 的影响也可以被计算出来。

(二)构件级设计度量

构件级的设计度量集中于软件构件的内部特性且包括模块

内聚,混合和复杂度的度量。

这三个属性可以帮助软件工程师判定一个构件级的设计。

在本章节讨论的度量在某种意义上是白盒,它需要所考虑的模块的内部运作知识。一旦一个过程设计已经开发完,构件级设计度量就可以被应用。另外,他们也可以延迟到有源代码时才用。

内聚度量,该度量以五个概念和测度来定义。

数据片:简单来说,一个数据片是一个对模块进行回溯跟踪检查,找到的在影响可查开始处的模块位置的数据值。

数据表征:为模块定义的变量可以被定义为模块的数据表征。

胶合表征:位于一个或多个数据片的数据表征集合。

超胶合表征:在一个模块里每个数据片都公有的数据表征。

黏度:一个胶合表征的相对黏度是和它所绑定的数据片的数目直接成比例。

这种表示开发了强功能内聚,弱功能内聚,以及附着出胶合表征绑定数据片的相对程度的度量,这些度量可以用下面方式来解释:所有这些内聚度量值范围在0到1之间。当一个过程有多于一个输出且没有展示任何某一特定的度量指示的内聚属性时具有值0。没有超胶合表征,也就是没有一个为所有数据片所公有的表征的过程具有零强功能内聚——即没有对所有输出有贡献的数据表征。一个没有胶合表征的过程,即没有对多于一个数据片公有的表征(在具有多于一个的数据片的过程中),展示了零弱功能内聚和零附着性——即没有对多于一个输出有贡献的数据表征。当度量取得最大值1时,出现了强功能内聚和附着性。为了解释度量的特性,考虑强功能内聚的度量:

$$SFC(i)=SG(SA(i))/tokens(i)$$

式中,$SG(SA(i))$指超胶合表征一位于一个模块i的所有数据片的数据表征集合。当超胶合表征比上模块i中的所有的表征的总和上升到最大值1的时候,模块的功能内聚也增加。

耦合度量。模块耦合提供了一个对一个模块与其他模块，全局数据，和外部环境的连接的指示。在模块设计中，耦合是以定性的角度讨论的。Dhama 提出了一种包含数据和控制流耦合，全局和环境耦合的对模块的度量。计算模块辊合需要的度量按上述的三种耦合类型的每一种来定义。

复杂度度量是一系列软件度量可以计算出来以确定程序控制流的复杂度，其中许多是基于一个称作流图的表示形式来计算的。如我们在上章所讨论的一样，一个图是由节点和链接(也称为边)构成的表示形式，当链接(边)是有方向时，流图是一个有向图。

有专家指出复杂度度量的一系列重要应用：

复杂度度量可以用来预计关于从源代码的自动分析得到的软件系统的可靠性和可维护性。复杂度度量同时也在软件项目中提供反馈以帮助控制设计活动。在测试和维护中，他们提供了模块的详细信息以帮助指出潜在的不稳定的地方。

计算机软件最广泛使用的(且最广泛被讨论的)复杂度度量是环形计数复杂度，环形计数复杂度也可以用来提供一个最大模块大小规模的定量指示。通过从许多实际的编程项目中收集数据，他发现值为 10 的环形计数复杂度似乎是一个实际的模块大小的上限。当模块的环形计数复杂度超过这个数，要充分测试一个模块就变得特别难。

(三)界面设计度量

尽管在人机界面设计方面有许多重要的文献(见第四章软件设计)，但是，对设计界面的质量和可用性方面度量的信息是相对较少的。

布局恰当性是一个人机界面有价值的设计度量。一个典型的 GUI 完成一个给定的任务，一个用户必须从一个布局实体移动到另一个布局实体，每一个布局实体的绝对和相对位置，及其被使用的频率，和从一个布局实体变迁到下一个布局实体的“开销”将影响界面的恰当性。

对于一个特定的布局(例如,一个特定的GUM设计),根据下面的关系,开销可以分配给每个动作序列。当一个特定任务完成时,从一个布局实体到下一个实体的特定变迁。对完成某应用功能所需的一个特定任务或任务集的所有变迁形成一个总和。开销可以用时间,处理延迟,或其他合理的值,例如一个鼠标在布局实体之间移动的距离,来标识。

(四)源代码度量

Halstead软件科学理论可能是,“最著名的和最完全的(软件)复杂度的复合度量。软件科学提出了第一个计算机软件的分析“定律”。

软件科学把定量定律赋予了计算机软件的开发。Halstead的理论是从一个基本的假设得来的:“人脑遵循一个比大家已知道的还要严格的规则……”,软件科学使用的一组基本测度可以在代码产生后或一旦设计完成后对代码进行估算得到。

Halstead使用了基本测度来为以下几方面开发表达式:整体程序长度:一个算法的潜在的最小体积:实际体积(表示一个程序所需的位数);程序层次(一种软件复杂度测度);语言层次(针对某给定语言的一个常量)和其他的特征如开发工作量,开发时间,甚至在软件中被计划的错误数。

值得提出的是V会随着编程语言的不同而不同,且它代表了写一个程序所需的信息(以位数计)。对于排序模块,Fortran四版本的体积是204。对于等价的汇编语言版本的体积是328。如我们所预料的,用汇编语言来写程序要花更多的工作量。

理论上,一个特定的算法存在一个最小体积Halstead定义了一个体积比率L,作为程序简洁形式的体积比上实际程序的体积。实际上,L一定总是小于1。Halstead的提出每个语言都可以按语言层次L来分类,L可以在语言中改变。Halstead理论总结道,语言层次对于一个给定的语言是常量,但是其他的一些工作指出语言层次是语言和编程者的函数。以下语言层次值已经由实践获得。

看起来语言层次蕴含了在过程规约中的一个抽象层次。高层次语言允许代码规约比汇编语言(面向机器)具有更高层次的抽象。Halstead 的工作容易用试验来验证,而且大量的研究是针对软件科学进行。对该工作的讨论已不属本书的讨论范围,但是,可以说在分析性预测和试验结果之间已经发现了很好的一致性。

(五)对测试的度量

尽管在软件测试度量方面已谈了不少,但是大部分度量都集中在测试的过程,而不是测试本身的技术特性。通常而言,测试者在测试用例的设计和执行上必须依赖于分析,设计和代码度量来指导他们。

基于功能的度量可以用来作为整体测试工作量的指示器。以往项目的不同层次特性(例如,测试工作量和时间,未发现的错误,产生的测试用例的数目)可以收集起来且和项目小组产生的FP 数关联。小组可以为将来的项目的这些特征预测"所期望"的值。

"撞击值"度量可以通过检查在第二节讨论的基本测度而提供所需的测试用例数目的指示。功能原语,数据元素,对象,关系,状态和变迁可被用来为软件设计黑盒和白盒测试的数目和类型。例如,和人机界面关联的测试数可以通过检查以下几项来估计:

(1)包含在 HCL 的状态变迁表示图中的变迁的数目以及评价检测每个转换所需的测试。

(2)穿过界面的数据对象数目。

(3)输入或输出的数据元素的数目。

高层次的设计度量提供了和集成测试相关联的难易信息以及对专用的测试软件(例如,桩和驱动器)的需求。环形计数复杂度(一种构件设计度量)位于基本路径测试的核心,这是在上一章所提出的测试用例设计方法,另外,环形计数复杂度还可以用来定位模块作为广泛的单元测试的候选(上一章),环形计数复杂度高的模块可能比环形计数复杂度低的模块更易出错。由于这个原因,测试者应该在模块集成进系统之前花费超过平均工作量的时间来发现模块中的错误。测试工作量也可以使用 Halstead 度量来估算。

当测试进行时,有三个不同的测度提出了一个对测试完全性的表示。测试广度的测度提供了多少需求(在所有需求的数目中)已经被测试,这样给测试计划完全性提供了指示。测试深度是对被测试覆盖的独立基本路径占在程序中的基本路径的总数的百分比的测度,基本路径数目的相当精确的估算可以通过累加所有程序模块的环形计数复杂度而计算得到。最后,当测试进行时且错误数据收集起来时,收集的错误值可以用来对未发现的错误进行优先级和分类处理。优先级指明问题的严重性,错误类别提出对错误的描述以便可以用来进行统计,分析错误。

(六)对维护的度量

所有在本章介绍的度量可以用来开发新的软件和维护现存的软件,但是,人们也提出明确针对维护活动设计的度量。

软件度量提供了一个定量的方法来评价产品内部属性的质量,因此可以使得软件工程师能够在产品完成之前进行质量评估。度量提供了创建有效的分析和设计模型,可靠的代码,和完全的测试必需的洞察。

为了在现实世界环境中有用,一个软件度量必须简单和可计算,有说服力,以及一致和客观。它应该是独立于编程语言的,且给软件工程师提供了有效的反馈。

分析模型的度量集中于功能,数据和行为——分析模型的三个元素。功能点和撞击值度量各自给评价分析模型提供了定量的方法。设计度量考虑了高层次,构件层次和界面设计问题。高层次设计度量考虑了设计模型的体系结构和结构方面。构件层次设计度量通过建立内聚,耦合和复杂度的间接度量提供了模块质量的指示。界面设计度量给 CUI 软件科学提供了一组在源代码级别的令人感兴趣的度量。使用在代码中出现的操作符号,软件科学提供了可以用来评价程序质量的各种度量。

很少有技术度量提出来是直接用于软件测试和维护的,但是,许多其他的技术度量可以用来指导测试过程和作为一种机制来评价计算机程序的可维护性。

第五节　软件风险管理

风险指那些不希望发生的事件。项目经理必须学会风险管理,学会在项目进行过程中控制风险。风险分析实际上是 4 个不同的活动,即风险识别、风险估计、风险评价和风险驾驭。

(一)风险识别

风险识别就是要系统地确定对项目计划估算、进度、已知的或可预测的风险,就能设法避开风险或驾驭风险。

1. 风险类型

用不同的方法对风险进行分类是可能的。从宏观上看,可将风险分为项目风险、技术风险和商业风险。项目风险是指潜在的预算、进度、个人(包括人员和组织)、资源、用户和需求方面的问题,以及它们对软件项目的影响。项目复杂性,规模的不确定性和结构的不确定性也是构成项目的(估算)风险因素。技术风险是指潜在的设计、实现、接口、检验和维护方面的问题。技术风险威胁到待开发软件的质量和预定的交付时间。如果技术风险成为现实,开发工作可能会变得很困难或根本不可能实现。另外,规格说明的多义性、技术上的不确定性、技术陈旧也是风险因素。商业风险威胁到待开发软件的生存能力。5种主要的商业风险如下。

(1)建立的软件虽然很优秀但不是市场真正所想要的(市场风险)。

(2)建立的软件不再符合公司的软件产品战略(策略风险)。

(3)建立了销售部门不清楚如何推销的软件。

(4)由于重点转移或人员变动而失去上级管理部门的支持(管理风险)。

(5)没有得到预算或人员的保证(预算风险)。

特别要注意,有时对某些风险不能简单地归类,而且有些风险事先是无法预测的。

2. 风险项目检查表

识别风险的一种最好的方法就是利用一组提问来帮助项目计划人员了解在项目和技术方面有哪些风险。

(1)产品规模:与待开发或要修改的软件的产品规模(估算偏差、产品用户、需求变更、复用软件、数据库)相关的风险。

(2)商业影响:与管理和市场加之的约束(公司收益、上级重视程度、符合需求程度、用户水平、产品文档、政府约束、成本损耗、交付期限)有关的风险。

(3)客户特性:与客户的素质(技术素养、合作态度、需求理解)以及开发者同客户定期通信(技术评审、通信渠道)能力有关的风险。

(4)过程定义:与软件过程定义同组织程度,开发组织遵循的程度相关的风险。

(5)开发环境:与建造产品的工具(项目管理、过程管理、分析与设计、编译器及代码生成器、测试与调试、配置管理、工具集成、工具培训、联机帮助与文档)的可用性和质量相关的风险。

(6)建造技术;与待开发软件的复杂性,系统所包含技术的“新颖性”相关的风险。

(7)人员数量及经验:与参与工作的软件技术人员的总体技

术水平(优秀程度、专业配套、数量、时间窗口),项目经验(业务培训、工作基础)相关的风险。

3. 全面评估项目风险

通过调查世界各地有经验的软件项目管理者后得到的风险数据,然后对于项目成功的相对重要性进行顺序排列。①高层的软件管理者和客户的管理者同意支持该项目。②终端用户支持该项目。③软件工程组和客户对于需求的理解。④客户参与了需求定义过程。⑤终端用户的期望是否实际。⑥项目的范围,需求稳定。⑦软件工程组是否有完成项目所必需的各种技术人才等。

如果有问题,就制定缓解、监控、驾驭的步骤。

4. 风险构成

风险构成方式有如下几种。

(1)性能风险:产品是否能够满足需求,符合其使用目的的不确定的程度。

(2)成本风险:项目预算是否能够维持不确定的程度。

(3)支持风险:软件产品是否易于排错,适应环境及增强功能的不确定的程度。

(4)进度风险:项目进度是否能够维持,产品是否能够按时交付的不确定的程度。

(二)风险估计

风险估计从两个方面估计每种风险。一是估计一个风险发生的可能性,二是估计与风险相关的问题出现后将会产生的结果。建立风险表,风险表的示例见表 7-1 所示。第 1 列是风险,可以利用风险项目检查表的条目来给出。每个风险在第 2 列加以分类,在第 3 列给出风险发生概率。表 7-1 给出的对风险所产生影响的评价。这要求对 4 种风险(性能,支持,成本,进度)构成所受的影响类别求平均值,得到一个整体的影响值。

风险出现概率的获得可以对过去项目，直觉或其他信息收集来的度量数据进行统计分析和估算。例如，由45个项目中收集的度量表明，有37个项目中用户要求变更次数达到2次。作为预测，新项目将遇到极端的要求变更次数的概率是37/45＝0.82，因而，这是一个极可能的风险。一旦完成了风险表前4列的内容，就可以根据概率和影响进行排序。高发生概率，高影响的风险移向表的前端，低概率、低影响的风险向后移动，完成第一次风险优先排队。项目管理人员研究已排序的表，定义一条截止线，这条截止线（在表中某一位置的一条横线）表明，位于线上部分的风险将给予进一步关注；而位于线下部分的风险需要再评估以完成第二次优先排队。

表7-1　风险表

风险	类别	概率/%
规模估计可能非常低	产品规模风险	60
用户数量可能大大超过计划	产品规模风险	30
复用程度可能低于计划	产品规模风险	70
最终用户抵制该系统	商业风险	40
交付期限将被紧缩	商业风险	50
资金将会流失	客户特性风险	40
用户将改变需求	产品规模风险	80
技术达不到预期的效果	建造技术风险	30
缺少对工具的培训	开发环境风险	80
参与人员缺乏经验	人员规模与经验风险	30
参与人员流动比较频繁	人员变动风险	60

风险影响和发生概率对驾驭参与有不同的影响。一个具有较高的影响但发生概率极低的风险应当不占用很多有效管理时间。然而，对于中等到高概率的，高影响的风险和具有高概率的，低影响的风险，就必须进行风险的分析。

(三)风险评价

在进行风险评价时,可建立一系列三元组$[r_i,l_i,x_i]$。其中,ri是风险类别,li是风险出现的可能性(概率),而xi是风险产生的影响。在做风险评价时,应进一步审查在风险估计时所得到的估计的准确性,尝试对已发现的风险进行优先排队,并着手考虑控制和/或消除可能出现风险的方法。

在做风险评价时,常采用的一个非常有效的方法就是定义风险参照水准。对于大多数软件项目来说,性能,支持,成本,进度就是典型的风险参照水准。对于成本超支,进度延期,性能降低,支持困难,或它们的某种组合,都有一个水准值,超出它就会导致项目被迫终止。如果风险的某种组合所产生的问题导致一个或多个这样的参照水准被超出,工作就要中止。在软件风险分析的上下文中,一个风险参照水准就有一个点,叫作参照点或崩溃点。在这个点上,要公平地给出可接受的判断,决定是继续执行项目工作,还是终止它们(如果出的问题太大)。

如果因为风险的某一组合造成问题,导致项目成本超支和进度延迟,则一系列的参照点构成一条曲线,超出它时就会引起项目终止。在参照点上,要对是继续进行还是终止的判断公正地加权。

实际上,参照点在图上被表示成一条平滑的曲线的情况很少。在多数情况中,它是一个区域,在此区域中存在许多不确定性的范围,在这些范围内做出基于参照值组合的管理判断往往是不可能的。因此,在评价风险时的步骤可以是。

(1)定义项目的各种风险参照水准。

(2)找出在各参照水准之间的关系。

(3)预测一组参照点以定义一个项目终止区域,用一条曲线或一些不确定性区城来界定。

(4)预测各种复合的风险将如何影响参照水准。

(四)风险驾驭和监控

为了执行风险驾驭与监控活动,必须考虑与每个风险相关的三元组(风险描述、风险发生概率、风险影响),它们构成风险驾驭(风险消除)步骤的基础。例如人员的频繁流动是一项风险 ri,基于过去的历史和管理经验,频繁流动可能性的估算值 h 为 0.70;而影响力的估计值是:项目开发时间增加 15%,总成本增加 12%。为了缓解这一风险,项目管理人员必须建立一个策略来降低人员的流动所造成的影响。可采取的风险驾驭步骤如下。

(1)与现有人员一起探讨人员流动的原因(如工作条件差,收入低,人才市场竞争等)。

(2)在项目开始前,把缓解这些原因的工作列入管理计划中。

(3)当项目启动时,做好会出现人员流动的准备。采取一些技术以确保人员一旦离开后项目仍能继续。

(4)建立良好的项目组织和通信渠道,以使大家都了解每个有关开发活动的信息。

(5)制定文档标准并建立相应机制,以保证文档能够及时建立。

(6)对所有工作组织细致的评审,使大多数人能够按计划进度完成自己的工作。

(7)对每个关键性的技术人员,要培养其工作的后备人员。

这些风险驾驭步骤带来了额外的项目成本。例如,培养关键技术人员的后备需要花钱、花时间。因此,当某个风险驾驭步骤得到的收益被实现它们的成本超出时,要对风险驾驭部分进行评价,进行传统的成本效益分析。

对于一个大型的软件项目,可能识别 30～40 项风险。如果每项风险有 3～7 个风险驾驭步骤,那么风险驾驭本身也可能成为一个项目。正因为如此,人们把 Pareto 的 80/20 规则用到软件风险上来。经验表明,所有项目风险的 80%(即可能导致项目失败的 80%的潜在因素)能够通过 20%的已识别风险来说明。在早期风险分析步骤中所做的工作可以帮助计划人员确定，哪些风险属于这20%之内。由于这个原因，某些被识别过，估计过及评价过的风险可以不写进风险驾驭计划中，因为它们不属于关键的20%(具有最高项目优先级的风险)。

风险驾驭步骤要写进风险缓解、监控和驾驭计划RMMM中。RMMM记述了风险分析的全部工作，并且作为整个项目计划的一部分为项目管理人员所使用。一旦制定出RMMM且项目已开始执行，风险缓解与监控就开始了回避活动；风险监控是一种项目追踪活动，它有3个主要目标：

(1)判断一个预测的风险事实上是否发生了。

(2)确保针对某个风险而制定的风险消除步骤正在合理地使用。

(3)收集可用于将来的风险分析的信息。

多数情况下，项目中发生的问题总能追踪到许多风险。“责任”(什么风险导致问题发生)分配到项目中去。风险分析需要占用许多有效的项目计划工作员。识别、估计、评价、管理和监控都需要时间，但这些工作量花得值得。

第六节　软件项目人力资源管理

1. 程序设计小组

通常认为程序设计工作是按独立方式进行的，程序人员独立地完成任务。但这并不意味着互相之间没有联系。人员之间联系的多少和联系的方式与生产串直接相关。程序设计小组内人数少，如2～3人，则人员之间的联系比较简单。但在增加人员数目时，相互之间的联系复杂起来，并且不是按线性关系增长。有人认为，在已经延误进度的软件项目中增加新的人员，只会使任务进一步拖延。

小组内部人员的组织形式对生产串也有影响。现有的组织形式有3种。

1)主程序员制小组

小组的核心由1位主程序员(高级工程师),2～5位技术员,1位后援工程师组成。主程序员制的开发小组突出了主程序员的领导。强调主程序员与其他技术人员的直接联系。总的来说简化了人际通信。这种集中领导的组织形式能否取得好的效果,很大程度上取决于主程序员的技术水平和管理才能。美国的软件产业中大多是主程序员制的工作方式。

2)民主制小组

在民主制小组中,遇到问题组内成员之间可以平等地交换意见。工作目标的制定及做出决定都由全体成员参加。虽然也有一位成员当组长,但工作的讨论,成果的检验都公开进行。这种组织形式强调发挥小组每个成员的积极性,要求每个成员充分发挥主动精神和协作精神。有人认为这种组织形式适合于研制时间长,开发难度大的项目。

3)层次式小组

在层次式小组中,组内人员分为3级:组长1人负员全组工作,他直接领导2～3名高级程序员,每位高级程序员通过基层小组,管理若干位程序员。这种组织结构只允许必要的人际通信,比较适用于项目就是层次结构状的课题。

合理地配备人员是成功地完成软件项目的切实保证。同阶段适时任用人员,恰当掌握用人标准。

2. 配备人员的原则

配备软件人员时,应注意以下3个主要原则:

(1)重质量:软件项目是技术性很强的工作,任用少量有实践经验,有能力的人员去完成关键性的任务,常常要比使用较多的经验不足的人员更有效。

(2)重培训:花力气培养所需的技术人员和管理人员是有效解决人员问题的好方法。

(3)双阶梯提升:人员的提升应分别按技术职务和管理职务进行,不能混在一起。

3. 对项目经理人员的要求

软件经理人员是工作的组织者,他的管理能力的强弱是项目成败的关键。除去一般的管理要求外,他应具有的能力:

(1)把用户提出的非技术性要求加以整理提炼,以技术说明书形式转告给分析员和测试员。

(2)能说服用户放弃一些不切实际的要求,以便保证合理的要求得以满足。具有综合问题的能力。

(3)要懂得心理学。

4. 评价人员的条件

软件项目中人的因素越来越受到重视。在评价和任用软件人员时,必须拿捏一定的标准:

(1)牢固掌握计算机软件的基本知识和技能。

(2)善于分析和综合问题,具有严密的逻辑思维能力。

(3)工作踏实,细致,不靠碰运气,遵循标准和规范,具有严格的科学作风。

(4)工作中表现出有耐心,有毅力,有责任心。

(5)善于听取别人的意见,善于与周围人员团结协作,建立良好的人际关系。

(6)具有良好的书面和口头表达能力。

第七节　小　结

软件项目管理是软件工程的保护性活动。它先于任何技术活动之前开始,且持续贯穿于整个计算机软件的定义,开发和维护之中。三个P对软件项目管理具有本质的影响——人员,问题和过程。人员必须被组织成有效率的小组,激发他们进行高质量的软件工作,并协调他们实现高效的通信。问题必须由用户与开发者交流,划分(分解)成较小的组成部分,并分配给软件小组。过程必须适应于人员和问题。选择一个公共过程框架,采用一个合适的软件工程范型,并挑选一个工作任务集合来完成项目的开发。

所有软件项目中最关键的因素是人员。软件工程师可以按照不同的小组结构来组织,从传统的控制层到"开放式范型"的小组。可以采用多种协调和通信技术来支持项目组的工作。一般而言,正式的复审和非正式的个人间通信对开发者最有价值。

项目管理活动包含测度和度量,估算,风险分析,进度安排,跟踪和控制。

第八章　软件新技术项目管理与计划

软件工程中程序出错，成本超支和没完成要求等都可以归结到软件项目管理太弱。因此，要在工程中进行管理与计划。

第一节　新技术项目管理概念

软件技术项目管理是对软件开发过程中所涉及的过程、人员、产品、成本和进度等要素进行度量、分析、规划、组织和控制的过程，以确保软件项目按照预定的成本，进度，质量要求顺利完成。

软件项目管理的对象是软件工程项目。它所涉及的范围覆盖了整个软件工程过程。为使软件项目开发获得成功，关键问题是必须对软件项目的工作范围、可能风险、需要资源（人、硬件/软件）、要实现的任务、经历的里程碑、花费工作量（成本）、进度安排等做到心中有数。这种管理在技术工作开始之前就应开始，在软件从概念到实现的过程中继续进行，当软件工程过程最后结束时才终止。

软件项目管理的根本目的是让软件项目尤其是大型项目的整个软件生命周期（从分析、设计、编码到测试、维护全过程）都能在管理者的控制之下，以预定成本按期按质地完成软件交付用户使用。而研究软件项目管理是为了从已有的成功或失败的案例中总结出能够指导今后开发的通用原则和方法，同时避免前人的失误。

软件项目管理和其他的项目管理相比有一定的特殊性。首先,软件是纯知识产品,其开发进度和质量很难估计和度量,生产效率也难以预测和保证。其次,软件系统的复杂性也导致了开发过程中各种风险的难以预见和控制。软件项目管理的内容主要包括如下几个方面:人员的组织与管理、软件度量、软件项目计划、风险管理、软件质量保证、软件过程能力评估、软件配置管理等。

第二节 软件过程和项目度量

软件度量是指计算机软件中范围广泛的测度。测度可以应用于软件过程中,目的是在一个连续的基础上改进它。测度也可以用于整个软件项目中,辅助估算、质量控制、生产率评估,及项目控制。最后,软件工程师使用测度能够帮助评估技术工作产品的质量,且在项目进行中辅助决策。

在软件项目管理中,我们主要关心生产率和质量的度量——根据投入的工作量和时间对软件开发“输出”的测度,对产生的工作产品的“适用性”的测度。为了达到计划及估算的目的,我们的兴趣主要放在历史上。在过去的项目中软件开发生产率如何,生产的软件的质量如何,如何从过去的生产率及质量数据推断出现在的状况,过去的信息如何帮助我们更加准确地计划和估算。

虽然术语“measure”(测量)“measurement”(测度)和“metrics”(度量)经常被互换地使用,但注意到它们之间的细微差别是很重要的。因为“measure”(测量)和“Measurement”(测度)既可以作为名词也可以作为动词,所以它们的定义可能会混淆。在软件工程领域中,“measure”(测量)对一个产品过程的某个属性的范围,数量,维度,容量或大小提供了一个定量的指示。“Measurement”(测度)则是确定一个测量的行为。IEEE 的软件工程术语标准辞典(IEEE Standard Glossary of Software Engineering Terms)中定义“metric”(度量)为“对一个系统,构件或过程具有的某个给定属性的度的一个定量测量”。

当获取到单个的数据点(如在一个模块的复审中发现的错误数)时,就建立了一个测量。测度的发生是收集一个或多个数据点的结果(如调研若干个模块的复审,以收集每一次复审所发现的错误数的测量)。软件度量在某种程度上与单个的测量相关(如每一次复审所发现的错误的平均数,或复审中每人/小时所发现的错误的平均数)。

软件工程师收集测量结果并产生度量,这样就可以获得指标“indicator”。指标是一个度量或度量的组合,它对软件过程,软件项目或产品本身提供了更深入的了解。指标所提供的更深入的理解,使得项目管理者或软件工程师能够调整开发过程,项目或产品,这样使事情进行得更顺利,能被更好地完成。

例如,四个软件小组共同完成一个大型软件项目。每一个小组必须进行技术复审,但允许其自行选择所采用的复审类型。检查度量结果——每人/小时所发现的错误数,项目管理者注意到采用更加正式的复审方法的两个小组,每人/小时所发现的错误数比起另外两个小组高40%。假设所有其他参数都相同,这就给项目管理者提供了一个指标:正式的复审方法比起其他复审方法在时间投资上能得到更大的回报。他可能会决定建议所有小组都采用更加正式的方法。度量给管理者提供了更深入的理解,而更深入的理解会产生更严谨,更正确的决策。

收集度量可以确定过程和产品的指标。过程指标使得软件工程组织能够洞悉一个已有过程的功效(如范型,软件工程任务,工作产品,及里程碑)。它们使得管理者和开发者能够评估哪些部分可以运作,哪些部分不行。过程度量的收集贯穿整个项目之中,并历经很长的时间。它们的目的是提供能够导致长期的软件过程改善的指标。

项目指标使得软件项目管理者能够:评估正在进行的项目的

状态；跟踪潜在的风险；在问题造成不良影响之前发现问题；调整工作流程或任务；评估项目组控制软件工程工作产品的质量的能力。

在某些情况下，可以采用同样的软件度量来确定项目的过程的指标。事实上，项目组收集到的并被转换成项目度量的测量数据，也可以传送给负责软件过程改进的人们。因此，很多同样的度量既用于过程领域又用于项目领域。

我们间接地测量一个软件过程的功效。即，我们基于从过程中获得的结果导出一组度量。这些结果包括：在软件发布之前发现的错误数的测量，交付给最终用户并由最终用户报告的缺陷的测量，交付的工作产品的测量，花费的工作量的测量，花费的时间的测量，与进度计划是否一致的测量，以及其他测量。我们还通过测量特定软件工程任务的特性来导出过程度量。例如，我们可能测量一些保护性活动及一般软件工程活动所花费的工作量和时间。

个人软件过程（PSP）是一个过程描述，测度和方法的结构化集合，能够帮助工程师改善其个人性能。它提供了表格，脚本和标准，以帮助工程师估算和计划其工作。它显示了如何定义过程及如何测量其质量和生产率。一个基本的PSP原则是：每个人都是不同的，对于某个工程师有效的方法不一定适合另一个。这样，PSP帮助工程师测量和跟踪他们自己的工作，使得他们能够找到最适合自己的方法。

某些过程度量对软件项目组是私有的，但对所有小组成员是公用的。例如，主要软件功能（由多个开发人员完成）的缺陷报告，正式技术复审中发现的错误，以及每个模块和功能的代码行或功能点。这些数据可由小组进行复查，以找出能够改善小组性能的指标。

公用度量一般吸取了原本是个人的或小组的私有信息。项目级的缺陷率（肯定不能归因于某个个人），工作量，时间及相关的数据被收集和评估，以找出能够改善组织的过程性能的指标。

软件过程度量对于一个组织提高其总体的过程成熟度，能够提供很大的帮助。不过，就像其他所有度量一样，它们也可能被误用，产生比它们解决的问题更多的问题。

第三节　可行性研究

软件项目可行性研究报告是项目实施主体为了实施某项经济活动需要委托专业研究机构编撰的重要文件，其作用主要体现在如下几个方面。

1. 用于向投资主管部门备案，行政审批的可行性研究报告

根据《国务院关于投资体制改革的决定》（国发〔2004〕20）号的规定，我国对不使用政府投资的项目实行核准和备案两种批复方式，其中核准项目向政府部门提交项目申请报告，备案项目一般提交项目可行性研究报告。

同时，根据《国务院对确需保留的行政审批项目设定行政许可的决定》，对某些项目仍旧保留行政审批权，投资主体仍需向审批部门提交项目可行性研究报告。

2. 用于向金融机构贷款的可行性研究报告

我国的商业银行，国家开发银行和进出口银行等以及其他境内外的各类金融机构在接受项目建设贷款时，会对贷款项目进行全面、细致的分析评估，银行等金融机构只有在确认项目具有偿还贷款能力，不承担过大的风险情况下，才会同意贷款。项目投资方需要出具详细的可行性研究报告，银行等金融机构只有在确认项目具有偿还贷款能力，不承担过大的风险情况下，才会同意贷款。

3. 用于企业融资，对外招商合作的可行性研究报告

此类研究报告通常要求市场分析准确，投资方案合理，并提

供竞争分析、营销计划、管理方案、技术研发等实际运作方案。

4. 用于申请进口设备免税的可行性研究报告

主要用于进口设备免税用的可行性研究报告，申请办理中外合资企业，内资企业项目确认书的项目需要提供项目可行性研究报告。

5. 用于境外投资项目核准的可行性研究报告

企业在实施走出去战略，对国外矿产资源和其他产业投资时，需要编写可行性研究报告报给国家发展和改革委或省发改委，需要申请中国进出口银行境外投资重点项目信贷支持时，也需要可行性研究报告。

6. 用于环境评价，审批工业用地的可行性研究报告

我国当前对项目的节能和环保要求逐渐提高，项目实施需要进行环境评价，项目可行性研究报告可以作为环保部门审查项目对环境影响的依据，同时项目可行性研究报告也作为向项目建设所在地政府和规划部门申请工业用地，施工许可证的依据。

一般情况下软件项目可行性研究报告基本框架主要包括：项目总论、项目可行性、市场需求分析、产品规划方案、项目环保节能与劳动安全方案、项目组织和定员、项目实施进度安排、项目财务评价分析、项目财务效益、项目风险分析及风险防控、可行性研究结论与建议等。

第四节 软件项目估算

软件项目估算是软件项目管理的核心所在，通过估算才能得出软件项目的计划，并成为软件项目控制的依据。一个成功的软件

项目首先要有一个好的起点，也就是一个合理的项目计划。而一个好的项目计划，离不开一个准确、可信、客观的项目估算。但是因为软件本身的复杂性，历史经验的可重复性，估算工具的缺乏以及一些人为错误，都会导致软件项目的估算往往和实际情况相差甚远。

软件项目估算的目的在于为软件项目制定一个预算，确定项目目标是否能够实现，从而让项目在可控的状态下达成这个目标，同时为后续的软件质量提供对比依据，从中找出项目中存在的问题和好的经验，促进企业的持续改进。对项目经理来说，合理，有效的项目估算能够让自己在工作中掌握主动权，否则在工作中只能是疲于奔命。软件项目估算主要包括规模估算，工作量估算和成本估算。

软件项目估算一般分为两种应用场景：一是招投标的时候用来估价和报价；后者是在项目确定后进一步的细化估算，往往前者的结果可能会影响项目的执行。一个完全准确的估算基本是不可能的，这主要在于估算本身存在很多困难。进行软件估算的困难有些是软件本身所固有的，特别是软件的复杂性和不可见性。

在估算一个软件项目时，软件项目经理需要明确以下三点：一是软件本身是非常困难的，但是估算又是必需的。二是只有准确地估算软件的功能，才能准确地估算出软件的成本，并制定出合理的进度计划。三是估算终究是估算，一个准确的与实际情况一模一样的估算是不可能的。

软件的估算有主观和客观两种估算方法。主观的估算方法可以通过召集项目团队成员，或者邀请各方面的专家，共同对某个项目的属性进行评估，参与评估的每个人都要单独进行估算，如果发现大家对某个项目属性估算的结果存在较大偏差，那么就需要做进一步的讨论，直到取得共识为止，对个别特殊属性进行主观估算时，一定要有直接干系人的参与。客观的估算方法是利用公司提供的各种度量数据进行估算。

软件估算要有一个时机，不能过早也不能过迟，过早的估算使估算的结果可能与实际的结果相差很远，项目快结束时进行估算，虽然误差不会很大，但是此时似乎又不需要估算了。尽管估算是非常困难的，但是项目估算在项目的不同阶段都在某一个可以预测的范围内，估算最终是收敛的。软件项目的估算不是一个一劳永逸的活动，它是随着项目进展不断细化的过程。软件开发的每一个阶段都可能最终影响到项目成本与进度，一般需要从可行性研究，需求说明，系统设计，系统实现，系统运行五个阶段进行估算。可行性研究阶段的估算是为软件组织提供基本的信息，以决定项目对组织是否有利；需求说明阶段的估算有助于组织在进入产品开发之前再次权衡产品的可行性；系统设计阶段的估算主要考虑的是如何将设计好的系统开发出来以及有没有被忽视的问题；系统实现阶段的估算主要是对原有的估算进行调整；系统运行阶段的估算是对估算过程的评价，用实际的消耗和各个阶段的估算值进行比较，总结估算工作中哪些方面需要提高，为项目提供经验。

软件项目估算的步骤：确定软件项目范围；确定完成软件开发所需的资源（包括人力资源，可复用软件资源，环境资源）；估算工作量；估算成本。

常见的软件规模估算方法主要包括：代码行法、功能点法、自下而上法、类比法、专家判断法、参数估算法、简单估算法等。

第五节　软件开发成本估算

软件开发成本估算主要指软件开发过程中所花费的工作量及相应的代价。不同于传统的工业产品，软件的成本不包括原材料和能源的消耗，主要是人的劳动的消耗。另外，软件也没有一个明显的制造过程，它的开发成本是以一次性开发过程所花费的代价来计算的。因此，软件开发成本的估算，应是从软件计划、需求分析、设计、编码、单元测试、集成测试到认证测试，整个开发过程所花费的代价作为依据的。

1. 成本估算经验模型

软件开发成本估算的经验模型有以下几种。

(1)Putnam 模型

$$L=C_k\times K^{1/3}\times t_d{}^{4/3}$$

式中,L 为源代码行数(以 LOC 计);K 为整个开发过程所花费的工作量(以人年计);t_d 为开发持续时间(以年计);C_k 为技术状态常数,它反映“妨碍开发进展的限制”,取值因开发环境而异,见表 8-1。

表 8-1　技术状态常数

C_k 的典型值	开发环境	开发环境举例
2000	差	没有系统的开发方法,缺乏文档和复审
8000	好	有合适的系统的开发方法,有充分的文档和复审
11000	优	有自动的开发工具和技术

从上述方程加以变换,可以得到估算工作量的公式:$K=L^3/(C_k{}^3\times t_d{}^4)$。

还可以估算开发时间:$t_d=[L^3/(C_k{}^3\times K)]^{1/4}$。

(2)COCOMO 模型(constructive cost model)

这是由 TRW 公司开发,Boehm 提出的结构化成本估算模型。是一种精确的,易于使用的成本估算方法。

COCOMO 模型中用到以下变量:

DSI——源指令条数。不包括注释。1KDSI=1000DSI;

MM——开发工作量(以人月计)1MM=19 人日=152 人时=1/12 人年;

TDEV——开发进度(以月计)。

COCOMO 模型中,考虑开发环境,软件开发项目的类型可以分为 3 种:

组织型(organic):相对较小,较简单的软件项目。开发人员对开发目标理解比较充分,与软件系统相关的工作经验丰富,对软件的使用环境很熟悉，受硬件的约束较小，程序的规模不是很大(＜50 000 行)。

嵌入型(embedded)：要求在紧密联系的硬件，软件和操作的限制条件下运行，通常与某种复杂的硬件设备紧密结合在一起。对接口，数据结构，算法的要求高，软件规模任意。如大而复杂的事务处理系统，大型/超大型操作系统，航天用控制系统，大型指挥系统等。

半独立型(semidetached)：介于上述两种软件之间。规模和复杂度都属于中等或更高。最大可达 30 万行。

基本 COCOMO 模型估算工作量和进度的公式如下：

工作量：MM＝r×(KDSI)c

进度：TDKV＝a(MM)b

其中经验常数 r，c，a，b 取决于项目的总体类型。

COCOMO 模型按其详细程度可以分为三级：基本 COCOMO 模型，中间 COCOMO 模型，详细 COCOMO 模型。其中基本 COCOMO 模型是是一个静态单变量模型，它用一个以已估算出来的原代码行数(LOC)为自变量的经验函数计算软件开发工作量。中级 COCOMO 模型在基本 COCOMO 模型的基础上，再用涉及产品，硬件，人员，项目等方面的影响因素调整工作量的估算。详细 COCOMO 模型包括中间 COCOMO 模型的所有特性，但更进一步考虑了软件工程中每一步骤(如分析，设计)的影响。

2. 成本估算的方法

成本估算是对完成项目所需费用的估计和计划，是项目计划中的一个重要组成部分。要实行成本控制，首先要进行成本估算。理想的是，完成某项任务所需费用可根据历史标准估算。但对许多工业来说，由于项目和计划变化多端，把以前的活动与现实对比几乎是不可能的。费用的信息，不管是否根据历史标准，都只能将其作为一种估算。而且，在费时较长的大型项目中，还应考虑到今后几年的职工工资结构是否会发生变化，今后几年原材料费用的上涨如何，经营基础以及管理费用在整个项目寿命周期内会不会变化等问题。所以，成本估算显然是在一个无法以高度可靠性预计的环境下进行。在项目管理过程中，为了使时间，费用和工作范围内的资源得到最佳利用，人们开发出了不少成本估算方法，以尽量得到较好的估算。这里简要介绍以下几种。

1）经验估算法

进行估计的人应有专门知识和丰富的经验，据此提出一个近似的数字。这种方法是一种最原始的方法，还称不上估算，只是一种近似的猜测。它对要求很快拿出一个大概数字的项目是可以的，但对要求详细的估算显然是不能满足要求的。

2）因素估算法

这是比较科学的一种传统估算方法。它以过去为根据来预测未来，并利用数学知识。它的基本方法是利用规模和成本图，图上的线表示规模和成本的关系，图上的点是根据过去类似项目的资料而描绘，根据这些点描绘出的线体现了规模和成本之间的基本关系。这里画的是直线，但也有可能是曲线。成本包括不同的组成部分，如材料，人工和运费等。这些都可以有不同的曲线。项目规模知道以后，就可以利用这些线找出成本各个不同组成部分的近似数字。

这里要注意的是，找这些点要有一个“基准年度”，目的是消除通货膨胀的影响。画在图上的点应该是经过调整的数字。例如以 1980 年为基准年，其他年份的数字都以 1980 年为准进行调整，然后才能描点画线。项目规模确定之后，从线上找出相应的点，但这个点是以 1980 年为基准的数字，还需要再调整到当年，才是估算出的成本数字。此外，如果项目周期较长，还应考虑到今后几年可能发生的通货膨胀，材料涨价等因素。做这种成本估算，前提是有过去类似项目的资料，而且这些资料应在同一基础上，具有可比性。

3）WBS 基础上的全面详细估算

即利用 WBS 方法，先把项目任务进行合理的细分，分到可以确认的程度，如某种材料，某种设备，某一活动单元等。然后估算每个 WBS 要素的费用。采用这一方法的前提条件或先决步骤如下：

(1)对项目需求作出一个完整的限定。

(2)制定完成任务所必需的逻辑步骤。

(3)编制 WBS 表。

项目需求的完整限定应包括工作报告书，规格书以及总进度表。工作报告书是指实施项目所需的各项工作的叙述性说明，它应确认必须达到的目标。如果有资金等限制，该信息也应包括在内。规格书是对工时，设备以及材料标价的根据。它应该能使项目人员和用户了解工时，设备以及材料估价的依据。总进度表应明确项目实施的主要阶段和分界点，其中应包括长期订货，原型试验，设计评审会议以及其他任何关键的决策点。如果可能，用来指导成本估算的总进度表应含有项目开始和结束的日历时间。

一旦项目需求被勾画出来，就应制定完成任务所必需的逻辑步骤。在现代大型复杂项目中，通常是用箭头图来表明项目任务的逻辑程序，并以此作为下一步绘制 CPM 或 PERT 图以及 WBS 表的根据。

编制 WBS 表的最简单方法是依据箭头图。把箭头图上的每一项活动当作一项工作任务，在此基础上再描绘分工作任务。

进度表和 WBS 表完成之后，就可以进行成本估算了。在大型项目中，成本估算的结果最后应以下述的报告形式表述出来：

(1)对每个 WBS 要素的详细费用估算。还应有一个各项分工作，分任务的费用汇总表，以及项目和整个计划的累积报表。

(2)每个部门的计划工时曲线。如果部门工时曲线含有“峰”和“谷”，应考虑对进度表作若干改变，以得到工时的均衡性。

(3)逐月的工时费用总结。以便项目费用必须削减时，项目负责人能够利用此表和工时曲线作权衡性研究。

(4)逐年费用分配表。此表以 WBS 要素来划分，表明每年

(或每季度)所需费用。此表实质上是每项活动的项目现金流量的总结。

(5)原料及支出预测,它表明供货商的供货时间,支付方式,承担义务以及支付原料的现金流量等。

采用这种方法估算成本需要进行大量的计算,工作量较大,所以只计算本身也需要花费一定的时间和费用。但这种方法的准确度较高,用这种方法作出的这些报表不仅仅是成本估算的表述,还可以用来作为项目控制的依据。最高管理层则可以用这些报表来选择和批准项目,评定项目的优先性。以上介绍了三种成本估算的方法。除此之外,在实践中还可将几种方法结合起来使用。例如,对项目的主要部分进行详细估算,其他部分则按过去的经验或用因素估算法进行估算。

Function Poing 的目的是基于软件需求产生软件规模的估计。功能点是基于应用软件的外部,内部特性以及软件性能的,一种间接的软件规模的测量。功能点与软件成本具有重大的成本估计关系(Cost Estimating Relationship,CER)。功能点可以作为经验统计参数化软件成本估计公式和模型的输入,以对软件的成本进行估计。功能点方法被广泛地认可在信息系统,数据库密集型,4GL 应用系统开发的规模测量。

第六节　软件开发风险估算

在软件项目开发过程中由于缺乏对风险管理的重要性认识,导致了项目成本超支和进度延迟等一系列问题,迫使软件行业开始关注软件项目风险估算和管理的研究。

目前的风险分析从估算方法角度分主要有定性分析方法、定量分析方法和定性与定量相结合的风险估算方法。前者较之后者模糊性因素太多,后者更具有科学性和一致性。从估算内容角度:软件风险估算分为客观评估和主观评估,软件风险主观评估主要以专家经验和管理经验为主。

软件风险客观评估以软件开发过程为依托，挖掘软件制品内在属性对成本，进度，质量等产生的风险。

风险定性分析方法主要是指根据专家经验和历史项目以及组织级风险数据库对属性元素进行判断，此种方法缺陷在于过多依赖人为因素，其主观性和模糊性较强，对风险度的把握不够准确，往往陷入“亡羊补牢”和救火式的风险补救方法，风险粒度划分粗糙，但其应用范围广泛和实用性较强。Delphi 估算方法指的是专家依靠多年累积的行业知识和经验判断软件风险，个人匿名提交风险估算数据，注明所考虑的假设和限制条件，最后对数据进行评审和讨论。此项估算方法是基于工作分解结构（WBS，Work Breakdown Structure）活动建立的估算方法。此方法的缺点是，其一，依靠人为因素较多，直观性和模糊性较强，容易过高估计高风险因素，对高风险因素估算风险复杂性和强度过高，过低估算低风险因素产生的损失；其二，划分的风险粒度不够准确。例如，发生概率低，但产生损失高的风险因素粒度划分范围不确定。决策树风险估算方法又称故障树估算方法，提供了一种由因及果的图形化风险估算机制，它可以根据风险结果判断不确定的情况发生的原因，分析估计风险信息源，形成行动路径。决策树是对风险进行分析的过程，每一个分支代表风险的一种状态和概率大小，与概率分析相结合，用于研究预测不确定因素对项目评价指标的风险程度，可用于解决多级决策问题，绘制决策图的过程也是对不确定性因素产生的影响深入推进的过程。

风险定量估算分析方法是指运用量化的指标或数值对属性元素进行分析比对，在此估算过程中辅助于数学方法或统计分析工具。如 Boehm 的风险估算方法，Boehm 提出风险暴露（Risk Exposure）的概念，其关系为：$RE = P(UO) \times L(UO)$，其中，RE 为风险暴露值，P(UO) 为结果不满意发生的概率，L(UO) 为不满意的结果发生时对组织造成的损失程度。Boehm 首次对软件风险进行了量化评估，奠定了软件风险估算定量化研究的原型，但该风险模型存在一定的问题，一方面“低概率，高损失”的风险与“高概率，低损失”的风险在数值上的表现是一样的。

第七节　进度安排

软件项目的进度安排与任何一个工程的进度安排没有实质上的不同。首先识别一组项目任务，建立任务间的相互关联，然后估计各个任务的工作量，分配人力和其他资源，指定进度时序。软件开发任务具有并行性，若软件项目有多人参加时，多个开发者的活动将并行进行。Gantt 图常用水平线段来描述把任务分解成子任务，以及每个子任务的进度安排，该图表示方法简单易懂，动态反映软件开发进度情况。

软件项目进度管理是指项目管理者围绕项目要求编制计划，付诸实施且在此过程中经常检查计划的实际执行情况，分析进度偏差原因并在此基础上，不断调整，修改计划直至项目交付使用；通过对进度影响因素实施控制及各种关系协调，综合运用各种可行方法，措施，将项目的计划控制在事先确定的目标范围之内，在兼顾成本，质量控制目标的同时，努力缩短时间。

项目进度管理可以通过以下方式完成：制定项目里程碑管理运行表；定期举行项目状态会议，由软件开发方报告进度和问题，用户方提出意见；比较各项任务的实际开始日期与计划开始日期是否吻合；确定正式的项目里程碑是否在预期完成。在编制项目进度计划时，应识别进度计划所有者，识别所有者或负责开发所有或部分项目进度计划的个人，对于确保开发出好的进度计划是必要的。推荐采用 WBS（作业分解结构）或者组织的分解结构作为进度开发的基础，因为 WBS 指定范围，组织分解结构（OBS）指定交付的功能区。决定任务和里程碑对于每一个最低级别的 WBS 元素，识别任务和里程碑对应交付的元素。可交付物通常设置为里程碑，产生可交付物的活动被称为任务。

第八节　软件项目的组织与计划

软件项目管理一般分为4个阶段:项目启动,项目规划,项目实施,项目结束。

1. 项目启动

项目启动时确定项目的目标范围,其中包括开发和被开发双方的合同,软件要完成的主要功能以及这些功能的量化范围,项目开发的阶段周期等。

此阶段处于整个项目实施工作的最前期,由成立项目组,前期调研,编制总体项目计划,启动会四个阶段组成。

阶段主任务见表8-2。

表8-2　阶段主任务

对象	任务
公司	在合同签订后,指定项目经理,成立项目组,授权项目组织完成项目目标
公司项目组	进行前期项目调研,与用户共同成立项目实施组织,编制《总体项目计划》,召开项目启动会
商务经理	配合公司项目组,将积累的项目和用户信息转交给项目组。将项目组正式介绍给用户,配合项目组建立与用户的联系
用户	成立项目实施组织,配合前期调研和召开启动会,签署《总体项目计划》和《项目实施协议》

1)成立项目组

部门经理接到实施申请后,任命项目经理,指定项目目标,由部门经理及项目经理一起指定项目组成员及成员任务,并报总经理签署《项目任务书》。

2)前期调研

项目经理及项目组成员,在商务人员配合下,建立与用户的联系,对合同和用户进行调研。填写《用户及合同信息表》。在项目商务谈判中,商务经理积累了大量的信息,项目组首先应收集商务和合同信息,并与商务经理一起识别哪些个体和组织是项目的干系人,确定他们的需求和期望,以确定项目开发顺利。

2. 项目规划

软件项目计划是软件开发工作的第一步。项目计划的目标是为项目负责人提供一个框架,使之能合理地估算软件项目开发所需的资源,经费和开发进度,并控制软件项目开发过程按此计划进行。在做计划时,必须就需要的人力,项目持续时间及成本作出估算。这种估算大多是参考以前的花费作出的。软件项目计划包括两个任务:研究和估算。即通过研究确定该软件项目的主要功能,性能和系统界面。

软件项目计划内容如下。

1)范围

对该软件项目的综合描述,定义其所要做的工作,软件项目计划以及性能限制,它包括:项目目标、主要功能、性能限制、系统接口、特殊要求和开发概述。

2)资源

包括:人员资源、硬件资源、软件资源和其他资源。

3)进度安排

进度安排的好坏往往会影响整个项目的按期完成,因此这一环节是十分重要的。制定软件进度与其他工程没有很大的区别,其方法主要有:工程网络图、Gantt 图、任务资源表、成本估算和培训计划。

4)工程规范

对软件工程管理来说,软件工程规范的制定和实施是不可少的,它与软件项目计划一样重要。软件工程规范可选用现成的各种规范,也可自己制定。目前软件工程规范可分为三级:国家标准与国际标准、行业标准与工业部门标准和企业级标准与开发小组级标准。

5)成本估算

估算方法分为以下几种:

自顶向下估算方法:估算人员参照以前完成的项目所耗费的总成本,来推算将要开发的软件的总成本,然后把它们按阶段,步骤和工作单元进行分配,这种方法称为自顶向下估算方法。

它的优点是对系统级工作的重视,所以估算中不会遗漏系统级的诸如集成,用户手册和配置管理之类的事务的成本估算,且估算工作量小,速度快。它的缺点是往往不清楚低级别上的技术性困难问题,而往往这些困难将会使成本上升。

自底向上估算方法:自底向上估算方法是将待开发的软件细分,分别估算每一个子任务所需要的开发工作量,然后将它们加起来,得到软件的总开发量。这种方法的优点是对每个部分的估算工作交给负责该部分工作的人来做,所以估算较为准确。其缺点是其估算往往缺少与软件开发有关的系统工作级工作量,所以估算往往偏低。

差别估算方法:差别估算是将开发项目与一个或多个已完成的类似项目进行比较,找到与某个相类似项目的若干不同之处,并估算每个不同之处对成本的影响,导出开发项目的总成本。该方法的优点是可以提高估算的准确度,缺点是不容易明确“差别”的界限。

3. 执行过程

软件产品,特别是行业解决方案软件产品不同于一般的商品,用户购买软件产品之后,不能立即进行使用,需要软件公司的技术人员在软件技术,软件功能,软件操作等方面进行系统调试,软件功能实现、人员培训、软件上线使用、后期维护等一系列的工作，我们将这一系列的工作称为软件项目实施。

4. 项目结束

项目结束应该执行的过程，包括合同结束和项目结束。合同结束包括甲方合同结束和乙方合同结束。项目结束过程包括编制结束计划、进行收尾工作、最后评审、编写项目总结报告等。

第九节　小　结

软件项目管理的内容主要包括如下几个方面：人员的组织与管理、软件度量、软件项目计划、风险管理、软件质量保证、软件过程能力评估、软件配置管理等。

这几个方面都是贯穿，交织于整个软件开发过程中的，其中人员的组织与管理把注意力集中在项目组人员的构成和优化上；软件度量关注用量化的方法评测软件开发中的费用、生产率、进度和产品质量等要素是否符合期望值，包括过程度量和产品度量两个方面；软件项目计划主要包括工作量、成本、开发时间的估计，并根据估计值制定和调整项目组的工作；风险管理预测未来可能出现的各种危害到软件产品质量的潜在因素并由此采取措施进行预防；质量保证是保证产品和服务充分满足消费者要求的质量而进行的有计划，有组织的活动；软件过程能力评估是对软件开发能力的高低进行衡量；软件配置管理针对开发过程中人员，工具的配置，使用提出管理策略。

在软件项目活动中运用一系列知识，如软件项目开发和管理规范知识、技能、工具和技术，以满足软件需求方的整体要求。软件项目管理是为了使软件项目能够按照预定的成本、进度、质量顺利完成、而对成本、人员、进度、质量、风险等进行分析和管理的活动。实际上，软件项目管理的意义不仅仅如此，进行软件项目管理有利于将开发人员的个人开发能力转化成企业的开发能力，企业的软件开发能力越高，表明这个企业的软件生产越趋向于成熟，企业越能够稳定发展。软件生存周期包括可行性分析与项目开发计划、需求分析、设计（概要设计和详细设计）、编码、测试、维护等活动，所有这些活动都必须进行管理，在每个阶段都存在着权限角色控制、文档管理、版本控制、管理工具等，软件项目管理贯穿于软件生命的演化过程之中。

第九节 小 结

[illegible]

第九章　软件工程新技术概述

软件工程作为软件开发领域的一门方法学，已经发展了半个多世纪，并且取得了非常丰富的研究成果，为开发大规模，高质量的复杂软件起到了重要的指导作用。随着计算机科学技术的飞速发展，软件工程已经成为计算机科学与技术学科的重要学科方向。

经过近四十年的发展，软件工程在支持软件系统工程化开发方面取得了令人瞩目的成绩 提出了大量的理论、方法、技术和工具。但是近年来的研究和实践表明软件危机依然存在，软件开发仍然存在成本高，质量得不到保证，进度和成本难以控制等方面的问题，许多软件项目被迫延期甚至取消。与此同时随着网络技术尤其是 Internet 技术的不断发展，部署在网络基础上的软件系统的规模和复杂性越来越高，并表现出诸如持续性、自适应性、交互性、动态性、开放性、异构性等特点。因此如何支持这类复杂系统的开发，缓解和消除现阶段的软件危机是当前软件工程面临的一项重要挑战。为了迎接上述挑战，近年来软件工程领域的一些学者提出了许多新的方法和技术，包括敏捷软件开发(Agile Software Development)、极限编程(Extreme Programming，XP)、测试驱动的开发(Test-Driven Development，TDD)、面向 Agent 的软件开发(Agent-Oriented Development)、面向方面的编程(Aspect-Oriented Programming，AOP)、模型驱动体系结构(Model-Driven Architecture，MDA)等。与传统的软件工程方法相比较 这些方法和技术为软件工程实践提供了新的思路，已在许多软件工程实践中取得了积极的效果。

软件开发的标准过程包括六个阶段，分别如下：

(1)可行性与计划研究阶段。

(2)需求分析阶段。

(3)设计阶段。

(4)实现阶段。

(5)测试阶段。

(6)运行与维护阶段。

软件工程在过去几十年的发展历程中，也形成了一些鲜明的新思想。例如，IBM 提出了软件开发思想的 4 项要点——迭代开发，以系统架构为中心，持续的质量保证以及管理变更和资产，其中只有“持续的质量保证”和传统工业工程是十分吻合的，而其他 3 项具有软件特性所拥有的思想。软件的变更比较频繁，自然对其管理的高要求，进步促进迭代开发的合理性。

用例，测试代码和功能代码逐步完成整个软件模块的功能。这种循序渐进的做法可以防止疏漏避免干扰其他工作。测试驱动要实现某个功能，编写某个类程序员首先应编写相应的测试代码和设计相应的测试用例，然后在此基础上编写程序代码；①先写断言。在编写测试代码时程序员应首先编写对功能代码进行判断的断言语句，然后再编写相应的辅助语句；②及时重构。程序员在编码和测试过程中应对那些结构不合理，重复的程序代码进行重构以获得更好的软件结构消除冗余代码。

与传统的软件编码和测试方式相比，较测试驱动开发具有以下的一组优点。编码完成后即完工：在程序代码编写完成并通过测试之后，意味着编码任务的完成。而在传统的方式中由于编码完成之后需要进行单元测试因而很难知道什么时候编码任务结束。易于维护软件系统：与详尽的测试集一起发布有助于将来对程序进行修改和扩展，并且在开发过程中及时对程序代码进行重构提高了软件系统的可维护性。质量保证：由于任何程序代码都经过了测试因而有助于有效发现程序代码中的错误，提高软件系统的质量。

第一节 客户/服务器软件工程

TCP 网络编程有两种模式，一种是服务器模式，另一种是客户端模式。服务器模式创建一个服务程序，等待客户端用户的连接，接收到用户的连接请求后，根据用户的请求进行处理；客户端模式则根据目的服务器的地址和端口进行连接，向服务器发送请求并对服务器的响应进行数据处理。

(一)TCP 网络编程结构组成

1. 服务器端的程序设计模式

服务器端，从广义上讲，服务器是指网络中能对其他机器提供某些服务的计算机系统。流程主要分为套接字初始化(socket())，套接字与端口的绑定(bind())，设置服务器的侦听连接(listen())，接受客户端连接(accept())，接收和发送数据(read()，write())并进行数据处理及处理完毕的套接字关闭(close())。

服务端的特征如下：

(1)被动的角色(从)。

(2)等待来自用户端的要求。

(3)处理要求并传回结果。

2. 客户端的程序设计模式

客户端服务器又称主从式架构，简称 C/S 结构，是一种网络架构，它把客户端(Client)(通常是一个采用图形用户界面的程序)与服务器(Server)区分开来。每一个客户端软件的实例都可以向一个服务器或应用程序服务器发出请求。有很多不同类型的服务器，例如文件服务器，终端服务器和邮件服务器等。虽然它们存在的目的不一样，但基本构架是一样的。

客户端模式分为套接字初始化(socket()),连接服务器(connect()),读写网络数据(read(),write())并进行数据处理和最后的套接字关闭(close())过程。

客户端特征如下:

(1)主动的角色(主)。

(2)发送要求。

(3)等待直到收到回应。

(二)SOA 构架

SOA 的定义为"客户端/服务器的软件设计方法,一项应用由软件服务和软件服务使用者组成。SOA 架构的实质就是将系统模型与系统实现分离。

近两年来,出现一种技术架构被誉为下一代 Web 服务的基础架构,它就是 SOA(Service-orientedarchitecture,面向服务架构)。SOA 是在计算环境下设计,开发,应用,管理分散的逻辑(服务)单元的一种规范。Ganter 将 SOA 描述为:"客户端/服务器的软件设计方法,一项应用由软件服务和软件服务使用者组成"。"SOA 与大多数通用的客户端/服务器模型的不同之处在于它着重强调软件组件的松散耦合,并使用独立的标准接口。"

1)SOA 模型

SOA 是设计和构建松散耦合软件的解决方案,能够以程序化的,可访问的形式公开业务功能,以使其他应用程序可以通过已发布和可发现的接口来使用这些服务。

(1)服务提供者通过在服务代理者那里注册来配置和发布服务。

(2)服务请求者通过查找服务代理者那里的被发布服务登记记录来找到服务。

(3)服务请求者绑定服务提供者并使用可用的服务。

2)SOA 架构的特征及优点

(1)模块化服务:把业务功能分解并打包成模块化服务,该服务是具有自包含和自描述特征的。服务可以根据需要进行耦合和匹配来创建新的组合服务，也可以由其他模块化服务组成。

(2)标准化接口：将SOA服务的内容和具有自描述特征的接口进行分离。封装公开了的服务功能，但隐藏了服务内部的实现和复杂性，以便服务使用者发现和访问。SOA通过服务接口的标准化描述，从而使得该服务可以提供给在任何异构平台和任何用户接口使用。这一描述囊括了与服务交互需要的全部细节，包括消息格式，传输协议和位置。

3)松散耦合

应用程序间的依赖关系得到最小化或完全消除。松散耦合可以保护SOA服务不受其与之交互的系统和服务内的更改的影响，从而能够跨域和企业边界发现和调用服务。

4)跨平台和重用性

通过标准接口，不同服务之间可以自由引用，而不必考虑所要引用的服务在什么地方，处于什么平台，或者是由什么语言开发的。从而实现了真正意义上的远程，跨平台和跨语言。服务架构的核心思想是通过松散耦合的服务组合来完成系统，因此提供了更高层次的重用性。

5)集成遗留程序

SOA中提供了集成遗留程序的适配器，屏蔽了许多专用性API的复杂性和晦涩性，大大有利于遗留程序的重用，遗留系统可通过Webservice接口来封装和访问。

6)服务是自治的，可组合的

由服务管理的逻辑驻留在一个显式边界中。服务在该边界内具有完全的自治权，而不依赖于其他服务来执行这种管理。服务是可组合的，可以由一些服务组合成新的服务。

7)粗粒度服务

服务粒度是指服务所公开功能的范围，一般分为细粒度和粗粒度。其中，细粒度服务是那些能够提供少量商业流程可用性的服务。粗粒度服务是那些能够提供高层商业逻辑的可用性服务。选择正确的抽象级别是SOA建模的一个关键问题。设计中应该在不损失或损害相关性,一致性和完整性的情况下,尽可能地进行粗粒度建模。

8)开放的标准

如 Webservice 标准,XML,SOAP,WSDL 以及其他标准。

9)支持多种客户类型

借助精确定义的服务接口和对 XML,Webservice 标准的支持,可以支持多种客户类型,包括 PDA,手机等新型访问渠道。

第二节　构件接口技术

近年来,我国的信息化产业发展战略深入实施,信息化建设在社会经济中的地位与作用越来越明显。而信息化建设的中心体系——软件,对提高信息化建设的质量与水平具有十分重要的功能。信息化技术的快速发展与广泛应用,对软件研发提出了更高的标准与要求。以往采用的软件研发方式已难以适应信息化时代的快速发展步伐,这就使得探究软件开发的技术与模式成为计算机行业的重要课题之一。因此,针对基于构件的软件工科技术研究,对提高软件研发成效,促进软件产业发展等具有不可替代的意义。

(一)软件构件的定义

软件成分包括程序代码,测试用例,设计文档,设计过程,需求分析文档,软件构件的可信性研究,甚至领域知识,通常把这种可复用的软件成分称为软件构件,简称软构件或者构件,这是对构件的广义理解。

自从构件的概念提出以来,许多专家学者从不同角度不同侧面对软件构件进行了刻画。1996 年 ECOOP(European Conferenceonobject-Oriented Programming)将软件构件定义为:一个具有规范接口和确定的上下文依赖的组装单元,它能够被独立部署或被第三方组装。美国卡内基·梅隆大学的软件工程研究所的构件定义:在2001年的一份技术报告中指出"构件是一个不透明的功能实体,能够被第三方组织,且符合一个构件模型"。国际上第一部软件构件专著的作者Szyperski将它定义为:可单独生产,获取,部署的二进制单元,它们之间可以相互作用构成一个功能系统。CMU/SEI把构件定义为:一个不透明的功能实现;能够被第三方组装;还符合一个构件模型。还有人从其他侧面给出定义:一个软件构件是可执行软件的一个可分离的单元;只能通过构件的接口来访问它的服务;可以与其他构件实现互操作;为了能与其他构件一同工作,必须能得到其接口的细节;该构件的应用需要某种环境的支持。这些概念都很相似,但迄今为止还没有一个被大家所公认的定义。一般认为,构件是指语义完整,语法正确和有可复用价值的单位软件,是软件复用过程中可以明确辨识的成分;结构上,它是语义描述,通信接口和实现代码的复合体。从程序角度理解,可以把构件看作是有一定功能,能够独立工作或能同其他构件装配起来协调工作的程序体。

此外,为了更好地理解构件,从编写程序代码这个狭义的角度来描述一下构件。构件是一些二进制代码,它隐藏了内部的实现细节,进而保护了构件开发商的智力投资。虽然它们是二进制代码的形式,但都符合一种模型——构件模型,且其中的构件接口是复用者理解构件的桥梁,也是他们进行构件制作和组装的基础。而且,这些构件具有可插拔性,允许对一不同构件开发商开发的构件进行组装。再举例来说,面向对象技术已经达到了类级复用,它以类作为封装单位。但这样的复用粒度还太小,不足以解决异构互操作和效率更高的复用。构件则更为抽象,它是对一组类的组合进行封装,并代表完成一个或多个功能的特定服务,也为用户提供了多个接口,每个接口代表对外联系的一种"角色",使构件成为与外界发生联系的"窗口"。因此,可以说,整个构件对外隐藏了具体实现,只用接口提供对外服务功能。由此可见,我们将软件构件理解为:

(1)构件是预先创建的。这是因为在软件的开发周期中,源代码复用代价高,最好预先创建。在开发过程中,适用于渐进的开发方式。应用集成要求以未预料的方式复用构件。在可维护性问题上,构件间的界限可以更加明确。

(2)构件是黑盒的。它对内部结构进行了良好的封装,并通过接口提供服务。

(3)构件是可分离的。构件的封装体现了构件内部的高内聚和构件之间的低耦合性,使得其他构件无须了解其内部知识,便可方便地与其一起协同工作。

(4)构件能用于组装和部署。构件组装在编译之后,构件部署在组装之后,也有着运行时组装的。

(5)构件需要成为构件容器技术的支持。构件容器提供支持构件的运行时环境,构件在进行了必要的组装和配置之后,才能以接口规定的方式使用。

从系统的构成上看,任何在系统运行中承担一定功能,发挥一定作用的软件体都可以看成构件,如中断程序,设备驱动程序,过程,各种功能库,各种服务器和文件等。而且根据这些构件在系统中的作用,又可以分为:负责系统运行管理的控制构件,负责构件间协作关系的协调构件,负责构件间连接作用和转换的连接构件,为其他构件提供特定服务功能的服务提供构件,负责安全检查和信息转借传递的信息控制构件,完成对象生成和撤销的构造构件等。可见,系统可以看成是构件及其关联的集合。在分析系统时,首先需要了解系统中所有构件,构件的功能和特性,然后才能通过构件之间的关联关系,认识整个系统。而在设计系统时,需要根据对构件的特性和功能要求,以及与其他构件的关联,建立内部处理和控制结构,并实现对外的操作服务。由上面的分析能够看出,一个完成的构件应包含 6 个要素。

(1)受约束的构件标准:符合某种构件模型。

(2)规格说明:构件提供服务的抽象描述,用作服务的客户方和提供方之间的契约。

(3)实现:必须符合规格说明,各自实现。

(4)包装方法:按不同的方式分组来提供一套可以替换的服务。

(5)注册:可在构件支持环境中注册。

(6)部署方法:构件可以部署多个实例。

软件构件化可以分为两个层面:一个是在软件企业内部实施基于构件的软件开发,形成构件开发,管理,应用组装的流水线模式,实现企业内部的软件工程化开发;另一个是在软件产业范围内形成构件生产企业,构件流通中介,软件集成企业等的专业化分工与协作,构筑软件生产上下游产业链,实现软件工业化生产。总之,随着软件构件技术的飞速发展,构件的定义和内涵也必然会更加完善。

(二)软件构件模型

软件构件模型是对构件本质特征的抽象描述。目前,国际上已经形成了许多构件模型,这些模型的类型如下:

1. 与构件部署/实现相关的模型

这类模型用于帮助人们决定如何用某种程序设计语言,或以某种可执行单元的形式来实现构件,所以也称为基础设施模型。构件最终必须被实现为某种直接可用的形式,因此,此类模型具有非常重要的地位。实现模型主要分为 3 大流派,分别是对象管理集团(Object Management Group,OMG)的通用对象请求代理结构(Common Object Request Broker Architecture,CORBA),Sun 的 EJB(Enterprise Java Bean)和 Microsoft 的分布式构件对象模型(Distributed Component Object Model,DCOM)。这些模型将构件的接口和软件构件的可信性研究的实现进行了有效的分离,增加了复用的机会,和网络环境中大型软件系统的需要相适应,有力地支持了运行态的软件构件。与构件部署/实现相关的模型规定了构件开发者和构件使用者必须遵循的标准和规定。

例如，构件的定位方式，构件的管理方式，构件的部署方式，构件的组装方式，构件的访问方式，构件的描述方式等。

2. 与构件规约/组装相关的模型

这类模型以描述构件的功能规约为主要目标，即构件对外提供何种功能，构件需要外界为它提供何种功能，构件被用于何种语境，构件如何被定制等。它描述构件的功能和行为规约，并通过配置这些规约来刻画系统。这类模型用来规约构件，并在设计级上组装构件。这也正是当前定义语言（Interface Description Language，IDL），构件描述语言（Component Description Language，CDL）和软件体系结构描述语言（Architecture Description Language，ADL）研究的目的。代表性的工作主要有：指导性模型3C，REsoLvE 模型，JBecM(Jade bird component model)等。

3. 与构件分类/描述相关的模型

这类模型以综合的方式描述构件，用于管理大量的静态构件，使得构件易于为用户所理解，易于在库中被有效，高效地分类，存储和检索。从本质上看，就是构件库的信息模型。相关的工作主要有：REBOOT 模型，ALOAF 模型，RIG 提出的 UDM 和 BxoM 以及青鸟构件库 JBCL 模型。

由于在不同软件设计环境下服务于不同的目的，构件具有不同的类型和名称，比较统一的表达方式就是具有操作接口定义的抽象数据类型描述。具体来说，构件模型定义了什么是构件，构件的依据，如何使用其他构件提供的服务等。将构件的规格说明和具体实现分离，依靠构件实现的具体模式来推导出构件所提供的服务，可以构造一个构件模型。构件之间对使用的接口应有统一的理解。此外，使用中间件也可以使构件之间进行更好的通信。如构件之间直接进行通信，当构成系统的构件数量庞大时，其复杂程度迅速提高；如能引入中间件，则可很好地避免构件间复杂的交互。

国内许多学者在构件模型的研究方面做了不少的工作，其中较为突出的是北京大学杨芙清院士等人提出的“青鸟软件构件模型(JBCOM)”。它由外部接口与内部接口两部分组成。构件的外部接口是指构件向其复用者提高的基本信息，包括：构件名称，功能描述，对外功能接口，所需服务的构件和参数化属性等。外部接口是构件与外界的一组交互点，说明了构件所提供的那些服务。构件的内部结构包括两方面的内容：内部成员以及内部成员之间的关系。其中，内部成员包括具体成员与虚拟成员，而成员关系包括成员之间的互联，以及内部成员与外部接口之间的互联。

(三)软件构件的粒度

软件构件的一个关键特征是可复用。可复用的元素越大，就说构件复用的粒度越大。随着构件粒度的增大，使用和复用的成本效益会提高，但符合要求的程度和更改的灵活度会降低。软件构件的粒度可以划分为大粒度构件，中粒度构件和小粒度构件。一般而言，功能数目与相应的代码量是一种正比关系。例如，实现“三个数相加”的构件，功能单一，编码紧凑，开发成本低且没有很强的定制性，属于小粒度构件；而能够提供数据访问，数据结构，数据定义等功能的构件，属于大粒度构件。不同粒度的构件在软件的使用中各有优缺点。大粒度构件虽然能够提供较多的功能，但它难以进行构件组合，由于功能各异的构件需要通过编写粘合代码来组装构件以便满足工作需求，因而增加了成本和出错的概率。小粒度构件功能独立，编码层次清晰，一般不用维护，装配时无须进行扩充，可以大幅度提高软件质量，而且方便收集和查找，但是复用性小。构件粒度越大，软件开发的周期越短，可维护性也越高。理论上，应该是软件开发时，采用的构件粒度越大越好，然而，实际问题并非如此，虽然构件粒度越大，功能相应越多，而实际往往只用到其中的一个或部分功能。因此，使用大粒度构件时，废码率可能非常高。

另外，个性化的粘合编码会带来潜在的系统缺陷，使系统变得比较脆弱。构件粒度的大小对构件可复用性具有重要影响，即不同语言生产的构件，其粒度具有很大的差别。采用目标语言自动生成复用构件，粒度较小。小粒度的构件，功能单一，具有很强的事务表达能力，重构的新系统的灵活性也好，废码率也很低。但是，与之对应的文档要求很高，同时对软件架构的要求也很高。其次，接口处理也将变得比较复杂，增大了复用构件库的管理和实现复用构件组合机制的难度。采用通用工具集自动生成的复用构件，粒度较大。大粒度的构件，功能较多，能够直观地表达事务功能，算法简单，可大幅度提升软件开发的速度。

但是因为废码率高而增大了硬件的开销。其次，是必须由人工编写粘合代码，增加了系统缺陷的概率。所以，大粒度构件仅适用于解决常用功能。采用功能语言，诸如面向对象语言自动生成粒度大小适中的复用构件。粒度大小适中的构件，能够直观地表达事务功能，也容易实现复用类的构件库的维护和管理。不论上述模型是否以“构件模型”命名，它们都隐含了对构件模型的认识，并且存在若干共识，例如构件的功能，实现体，内部结构等。究其本质，是因为在系统化的构件复用过程中，制作，管理和复用是紧密相连的。构件的制作是基础，其生产出来的构件是构件管理的对象，也是复用的对象。而构件的管理，通过对构件信息的有效组织，为构件的理解和选择提供了支持，使大规模构件复用成为可能。在复用过程中，若不存在满足需求的构件，则对构件的制作提出需求，驱动新的构件的制作。因此，软件构件本质属性或信息在不同的阶段具有延续性和一致性。

(四)构件的种类

(1)独立而成熟的构件：该类构件隐藏了所有接口，用户只需用规定好的命令运行即可。典型的如数据库管理系统(DBMS)，操作系统等都属于这一类。

(2)有限制的构件:该类构件提供了接口,指出了使用的前提和条件,但这类在装配时,可能会产生资源冲突,覆盖等影响,因此在使用时需要加以测试。该类构件的典型例子是类库中的各种类。

(3)适应性构件:该类构件通过包装或使用接口技术,把不兼容性,资源冲突等进行了处理,可被直接使用。

(4)装配的构件:该类构件安装时,已被装配在操作系统,DBMS或信息系统(如CORBA等)不同层次上,通过Glue Code(胶水代码)就可以进行连接使用,目前一些软件商提供的大多数软件产品都属于这一类。

(5)可修改的构件:该类构件可以进行版本替换,如对原构件修改错误,增加新功能,可以通过重新包装或重写接口来实现构件的替换,该类构件在应用系统工程的开发中使用较多。

对第一类构件,用户只需根据说明书挑选。而第二类要进行层次的测试,开发。第三,四,五类构件使用比较方便,但目前还不成熟,有很多问题需要解决。第三类构件涉及插头的标准化问题,第四类构件涉及Glue Code的标准化,构件的连接模型,第五类构件涉及版本更新后,对整个系统的影响,如何评价等问题。对于第三,四,五类构件,最重要的是要制定构件标准,在这方面十分有影响,已成为事实标准的有OLE,OpenDoc等技术规范。

(五)构件的特点

引入构件后,软件系统就可以看成是由一个个的构件构成的,而软件系统的开发也由传统的从头设计变为以构件为单位进行设计。通过这种方式开发软件系统,一方面可以提高软件开发的效率,缩短开发周期,节省时间;另一方面又提供了一种灵活的软件开发方法,可以充分利用现有资源。通常认为,一个理想的构件应具有以下特点:

(1)可重用性:这是构件的一个基本特点。

(2)设计和实现相分离:一个良好的构件应提供一个定义良好的接口,通过它,用户能方便调用。实现对用户来说,完全是透明的。

(3)提供消息机制,方便构件间的相互操作与通信:通过消息机制,构件间可以方便地进行通信,传递信息,便于构件间的互操作及异质环境下的装配。

(4)构件的功能应是高性能,高可靠的。

(5)可扩充性:当一个构件需要提供新的服务时,可通过增加新的接口来完成,而不会影响使用原接口的用户。

第三节　软件复用

软件复用(Soft Ware Reuse)是将已有软件的各种有关知识用于建立新的软件,以缩减软件开发和维护的花费。软件复用是提高软件生产力和质量的一种重要技术。早期的软件复用主要是代码级复用,被复用的知识专指程序,后来扩大到包括领域知识,开发经验,设计决定,体系结构,需求,设计,代码和文档等一切有关方面。

(一)软件复用的主要思想

软件复用是一种计算机软件工程方法和理论。其主要思想是:将软件看成是由不同功能部分的“组件”所组成的有机体,每一个组件在设计编写时可以被设计成完成同类工作的通用工具,这样,如果完成各种工作的组件被建立起来以后,编写一特定软件的工作就变成了将各种不同组件组织连接起来的简单问题,这对于软件产品的最终质量和维护工作都有本质性的改变。

(二)软件复用的分类

软件复用就是将已有的软件成分用于构造新的软件系统。可以被复用的软件成分一般称作可复用构件,无论对可复用构件原封不动的使用还是作适当的修改后再使用,只要是用来构造新软件,则都可称作复用。软件复用不仅仅是对程序的复用,它还包括对软件生产过程中任何活动所产生的制成品的复用,如项目计划,可行性报告,需求定义,分析模型,设计模型,详细说明,源程序,测试用例等。如果是在一个系统中多次使用一个相同的软件成分,则不称作复用,而称作共享;对一个软件进行修改,使它运行于新的软硬件平台也不称作复用,而称作软件移值。

软件复用的复用级别根据对软件生命周期中一些主要开发阶段的软件制品的复用划分为代码的复用,设计的复用,分析的复用。复用的途径有三种,即从现有系统的分析结果中提取可复用构件用于新系统的分析;用一份完整的分析文档作输入产生针对不同软硬件平台和其他实现条件的多项设计;独立于具体应用,专门开发一些可复用的分析构件。

(三)软件复用的优越性

软件复用可以提高软件生产率并减少开发代价,还可以提高软件系统的质量。具体来说,可以归纳为下列五个方面:

(1)提高生产率。软件复用最明显的好处在于提高生产率,从而减少开发代价。生产率的提高不仅体现在代码开发阶段,在分析,设计及测试阶段同样可以利用复用来节省开销。用可复用的构件构造系统还可以提高系统的性能和可靠性,因为可复用构件经过了高度优化,并且在实践中经受过检验。

(2)减少维护代价。这是软件复用另一个重要的优越性。由于使用经过检验的构件,减少了可能的错误,同时软件中需要维护的部分也减少了。例如,要对多个具有公共图形用户界面的系统进行维护时,对界面的修改只需要一次,而不是在每个系统中分别进行修改。

(3)提高互操作性。软件复用一个更为专业化的好处在于提高了系统间的互操作性。通过使用接口的同一个实现,系统将更为有效地实现与其他系统之间的互操作。例如,若多个通信系统都采用同一个软件包来实现X.25协议,那么它们之间的交互将更为方便。

(4)支持快速原型。复用的另一个好处在于对快速原型的支持,即可以快速构造出系统可操作的模型,以获得用户对系统功能的反馈。利用可复用构件库可以快速有效地构造出应用程序的原型。

(5)减少培训开销。复用的最后一个好处在于减少培训开销,即雇员在熟悉新任务时所需的非正式的开销。如同硬件工程师使用相同的集成电路块设计不同类型的系统,软件工程师也将使用一个可复用构件库,其中的构件都是他们所熟悉和精通的。

(四)软件复用的关键技术

实现软件复用的关键因素(技术和非技术因素)主要包括软件构件技术,软件构架,领域工程,软件再工程,开放系统,软件过程,CASE技术以及各种非技术因素等七个方面。

1. 软件构件技术

构件是指应用系统中可以明确辨识的构成成份。而可复用构件是指具有相对独立的功能和可复用价值的构件。随着对软件复用理解的深入,构件的概念已延伸到需求,系统和软件的需求规约,系统和软件的构架,文档,测试计划,测试案例和数据以及其他对开发活动有用的信息。这些信息都可以称为可复用软件构件。

可复用构件应具备以下属性:①有用性:构件必须提供有用的功能;②可用性:构件必须易于理解和使用;③质量:构件及其变形必须能正确工作;④适应性:构件应该易于通过参数化等方

式在不同语境中进行配置；⑤可移植性：构件应能在不同的硬件运行平台和软件环境中工作。

软件构件技术是支持软件复用的核心技术，其主要研究内容包括：①构件获取：有目的的构件生产和从已有系统中挖掘提取构件；②构件模型：研究构件的本质特征及构件间的关系；③构件描述语言：以构件模型为基础，解决构件的精确描述，理解及组装问题；④构件分类与检索：研究构件分类策略，组织模式及检索策略，建立构件库系统，支持构件的有效管理；⑤构件复合组装：在构件模型的基础上研究构件组装机制，包括源代码级的组装和基于构件对象互操作性的运行级组装；⑥标准化：构件模型的标准化和构件库系统的标准化。

2. 软件构架

软件构架是对系统整体结构设计的刻画，包括全局组织与控制结构，构件间通信，同步和数据访问的协议，设计元素间的功能分配，物理分布，设计元素集成，伸缩性和性能，设计选择等。软件构架研究如何快速，可靠地从可复用构件构造系统的方式，着重于软件系统自身的整体结构和构件间的互联。其中主要包括：软件构架原理和风格，软件构架的描述和规约，特定领域软件构架，构件向软件构架的集成机制等。获得正确的构架对于进行正确的系统设计非常关键。从构架的层次上表示系统，有利于系统较高级别性质的描述和分析。通过对软件构架的深入研究，有利于软件工程师发现不同系统在较高级别上的共同特性，并可以根据一定原则在不同的软件构架之间作出选择。而且软件构架还为构件的组装提供了基础和上下文，对于成功的复用具有非常重要的意义。

3. 领域工程

领域工程是为一组相似或相近系统的应用工程建立基本能力和必备基础的过程，它覆盖了建立可复用软件构件的所有活动。领域是指一组具有相似或相近软件需求的应用系统所覆盖的功能区域。领域工程包括三个主要的阶段:①领域分析:这个阶段的主要目标是获得领域模型;②领域设计:这个阶段的目标是获得领域构架;③领域实现:这个阶段的主要行为是定义将需求翻译到由可复用构件创建的系统的机制。这些活动的产品(可复用的软件构件)包括:领域模型,领域构架,领域特定的语言,代码生成器和代码构件等。

另外,领域工程也是获取构件/构架的主要途径。主要是因为可复用信息具有领域特定性,而领域具有内聚性和稳定性。所谓可复用信息具有领域特定性是指:可复用性不是信息的一种孤立的属性,它依赖于特定的问题和特定的问题解决方法。因此,在识别,获取和表示可复用信息时,应采用面向领域的策略。同时,关于领域的解决方法是充分内聚和充分稳定的。因此,一个领域的规约和实现知识的内聚性使得可以通过一组有限的,相对较少的可复用信息来解决大量问题,而领域的稳定性使得获取的信息可以在较长的时间内多次复用。因此,通过领域工程获得软件构件数目更大,构架更具体,复用程度更高。

4. 软件再工程

软件复用中的一些问题是与现有系统密切相关的,如:现有软件系统如何适应当前技术的发展及需求的变化,采用更易于理解的,适应变化的,可复用的系统软件构架并提炼出可复用的软件构件?现存大量的遗产软件系统由于技术的发展,正逐渐退出使用,如何对这些系统进行挖掘,整理,得到有用的软件构件?已有的软件构件随着时间的流逝会逐渐变得不可使用,如何对它们进行维护,以延长其生命期,充分利用这些可复用构件?软件再工程正是解决这些问题的主要技术手段。软件再工程是一个工程过程,它将逆向工程,重构和正向工程组合起来,将现存系统重新构造为新的形式。再工程的基础是系统理解,包括对运行系统,源代码,设计,分析,文档等的全面理解。但在很多情况下，由于各类文档的丢失，只能对源代码进行理解，即程序理解。

5. 开放系统

开放系统技术的基本原则是在系统的开发中使用接口标准，同时使用符合接口标准的实现。开发系统技术具有在保持(甚至是提高)系统效率的前提下降低开发成本，缩短开发周期的可能。对于稳定的接口标准的依赖，使得开发系统更容易适应技术的进步。当前，以解决异构环境中的互操作为目标的分布对象技术是开放系统技术中新的主流技术。开放系统技术为软件复用提供了良好的支持。特别是分布对象技术使得符合接口标准的构件可以方便地以“即插即用”的方式组装到系统中，实现黑盒复用。这样，在符合接口标准的前提下，构件就可以独立进行开发，从而形成独立的构件制造业。

6. 软件过程

软件过程又称软件生存周期过程，是软件生存周期内为达到一定目标而必须实施的一系列相关过程的集合。一个良好定义的软件过程对软件开发的质量和效率有着重要影响。当前，软件过程研究以及企业的软件过程改善已成为软件工程界的热点，并已出现了一些实用的过程模型标准，如 CMM，ISO 9001/TickIT 等。然而，基于构件复用的软件开发过程和传统的一切从头开始的软件开发过程有着实质性的不同，探讨适应于软件复用的软件过程自然就成为一个十分迫切的问题。

7. CASE 技术等以及各种非技术因素

软件复用还需要 CASE 技术的支持。CASE(Computer Aided Software Engineering)是指计算机辅助软件工程，它可使用系统开发商规定的应用规则，并由计算机自动生成合适的计算机程序。CASE 技术对软件工程的很多方面，例如分析，设计，代码生成，测试，版本控制和配置管理，再工程，软件过程，项目管理等，都可以提供有力的自动或半自动支持。CASE 技术中与软件复用相关主要研究内容包括：在面向复用的软件开发中，可复用构件的抽取，描述，分类和存储；在基于复用的软件开发中，可复用构件的检索，提取和组装；可复用构件的度量等。除上述技术因素以外，软件复用还涉及众多的非技术因素，如：机构组织如何适应复用的需求，管理方法如何适应复用的需求，开发人员知识的更新，创造性和工程化的关系，开发人员的心理障碍，知识产权问题，保守商业秘密的问题，复用前期投入的经济考虑，标准化问题等。

第四节　敏捷开发思想

敏捷开发思想是软件工程领域中新兴的一种软件开发哲学，它的出现为沉闷的软件开发带来了一股清新的风气。传统软件工程是严谨的，它为软件开发的产业化发展起到了不可磨灭的基石作用，而且这种作用将一直延续下去。然而传统软件工程又是厚重的，伴随着社会应用需求的不断发展，人们对软件提出了越来越多，越来越高的要求，软件变得越来越复杂，软件需求变更的频度越来越高，这些新的软件特性的出现，让大量的软件开发项目实践越来越多地陷入到成本控制和周期控制的风险旋涡中去。大量的开发实践表明，项目的复杂度，项目的规模与项目失败的风险成正比，而且项目成本通常都会远远高于预估成本，这其中最重要的原因之一就是项目延期交付。这些严酷的事实向广大软件研发人员传递了这样一种信息——传统软件工程的工程化管理模式尽管已经为人类软件产业的发展带来了巨大的生产力水平的提高，但是它不是万能的，在它的理论体系中也存在着亟待完善和补充的部分。鉴于这样的背景，近年来一种新兴的软件工程思想在开源社区中渐渐成为一种潮流，这就是敏捷开发。

将拥有大量 artifact(软件开发过程中的中间产物,如需求规约,设计模型等)和复杂控制的软件开发方法称为重型(Heavy Weight)方法,而把 artifact 较少的方法称为轻型(Light Weight)方法。敏捷方法(Agile Methodologies)汲取了众多轻型方法的“精华”,恰当地表达了这些轻型方法的最根本之处。首先,敏捷方法强调适应,而非预测。重型方法花费大量的人力物力,试图制订详细的计划来指导长期的工作,而一旦情况变化,计划就不再适用。因此重型方法本质上是抵制变化的,而敏捷方法则强调适应变化。其次,敏捷方法以人为中心,而非以流程为中心,强调对变化的适应和对人性的关注。

知名的 XP(Extreme Programming,极端编程)方法就是众多 Agile 方法论中的一种。XP 是一种轻型方法。它规定了一组核心价值和方法,消除了大多数重型过程的不必要产物。建立了一个渐进型的开发过程,它依赖于每次迭代时对源码的重组(refastening)。所有的设计都是围绕着当前这次迭代,而不管将来的需求。这种设计过程的结果是纪律性与适配性的高度统一,使得 XP 在适配性方法中成为发展得最好的一种方法。

第五节　典型的软件工程新技术

(一)几种软件工程新技术

1. JUnit 技术

JUnit 是一个由 Erich Gamma 和 Kent Beck 二人共同开发的开源 Java 单元测试框架。JUnit 框架提供了一组类来支持单元测试。通过继承重用这些类程序员可以方便地编写测试程序代码运行测试程序以发现程序代码中的故障。

2. Test 技术

这是一个接口，所有测试类包括 Test Case 和 Test Suite 必须实现该接口。Test 提供了两个方法；count Test Cases 方法用于计算一个测试将要运行的测试用例的数目；run 方法用于运行一个测试并收集它的测试结果。

3. Assert 技术

该类定义了软件测试时要用到的各种方法。例如 assert E-quals 方法用于判断程序代码的运行结果是否等同于预期结果；assert Null 和 assert Not Null 方法用于判断对象是否为空等等。

4. Test Case 技术

Test Case 类实现了 Test 接口并继承 Assert 类，它是程序员在编写测试程序时必须扩展的类。通过继承程序员可以方便地利用该类提供的方法对程序单元进行测试。

5. Test Suite 技术

Test Suite 类实现了 Test 接口并提供了诸多方法来支持测试，当程序员试图将多个测试集中在一起进行测试时必须扩展该类。

Keith L. Clark 开发的一个基于对象的符号处理程序设计语言。它支持多 Agent 系统的开发为 Internet 上软件 Agent 的开发和发布提供各种服务是 April Agent 平台 April Agent Plat-form 的一个组成部分。实际上，将该语言归类于“基于对象技术”类别并不完全准确，因为 April 语言借鉴和包含了许多来自非面向对象语言的一些思想和机制，如 Parlog，Erlang，PCN，CSP，Dijkstra 的卫式命令，LISP，Prolog 等。April 程序的基本执行单元是一个个的主动对象，它们可并发地执行。每个主动对象对应于一个进程不同的主动对象之间可以基于 FIPA ACL 进行交互和通信。从语法上看 April 有点类似于 C++语言。

(二)Java Agent Language(JAL)

JAL(Java Agent Language)是一个基于 Java,支持对面向 Agent 软件系统进行编程的程序设计语言,它是面向 Agent 集成开发环境 JACK Intelligent Agent 的一个组成部分。JAL 将 Agent 视为是一种特殊的对象,它具有特殊的内部结构,能够持续地运行并能对外部的刺激,如消息或者事件作出自主的响应,从而展示某些理性和智能的行为。JAL 将这类 Agent 称为智能 Agent Intelligent Agent。JAL 通过对 Java 这一面向对象程序设计语言进行扩展从语法机制,语义内容和基础类库等几个方面为面向 Agent 软件系统的开发提供程序设计语言级的支持。

1. 基础类库

JAL 在 Java 类库的基础上定义了一组新的,可重用的基类和接口。这些 JAL 基类和接口封装和实现了软件 Agent 的基本功能,如 Agent 的自主行为决策,消息的发送和接收,信念维护等。JAL 主要引入了以下一组类一级的可重用软部件 Agent, Capability,Open World 和 Closed World,Event,和 Plan。Agent 类封装了智能软件 Agent 的基本功能。Capability 类支持定义 Agent 的能力 Agent 的能力描述了 Agent 对外展示的功能如能够对外部的事件作出响应,进行处理。OpenWorld 和 ClosedWorld 这两个类支持定义 Agent 的信念即 Agent 对世界包括其自身的理解和认识,封装了信念的自动维护功能。Event 类支持定义系统中的各种事件包括内部事件和外部事件,在 JAL 中事件是促使 Agent 实施自主行为的一个主要因素。Plan 类支持定义 Agent 的规划。

软件开发人员可以通过继承,实现等手段来重用这些基类和接口,从而开发与特定应用相关的 Agent,事件,规划,能力等软部件。

2. 扩展语法

为了支持对面向 Agent 软件系统进行编程，JAL 对标准的 Java 语法进行了多种形式的扩充。这种扩充主要表现为以下三个层次。

1)类定义层

提供了一组可重用的 JAL 类，它们封装了面向 Agent 软件系统的基本功能 Plan，Event，Agent 等。程序设计人员可以通过继承来重用这些类从而定义新类。

2)声明层

提供了一组以“#”符号开头的语句用于标识和定义构成软件 Agent 各个成分之间的关系。

3)语句层

提供了一组以“@”符号开头的语句用于操作由 JAL 描述和定义的数据结构。

3. 扩展 Java 引擎

JACK 集成开发环境提供了一个 JAL 编译器和一个核心运行引擎。JAL 编译器负责将用 JAL 语言编写的程序代码编译为纯 Java 代码。然后由 Java 编译器编译生成可执行的 Java 中间码并在 JACK 核心运行引擎上运行。JACK 核心运行引擎提供了 JAL 程序运行所需的底层基础设施和功能。由于 Agent 运行机制与对象运行机制有着本质性的差别，因此 JACK 核心运行引擎从以下方面扩展了 Java 运行引擎：

(1)多线程被直接集成到 JACK 运行内核中而不受程序员控制。JAL 编程得到的软件 Agent 是一个并发的，具有多个线程能够持续性运行的软件实体。Agent 的多线程特征是由 JACK 的运行引擎提供的，JAL 不允许程序员利用 Java 语言的多线程机制来显式地编写多线程程序。因此在 JAL 中多线程机制对于软件开发人员而言是透明的。

(2)按照 Agent 执行模型来实施 Agent 的行为。JACK 中 Agent 是一个具有 BDI 和反应式体系结构的计算实体,因此它按照 BDI 理论和反应式规则来实施行为。

(3)引入了一个新的数据结构称为逻辑成员。不同于一般的成员,逻辑成员在没有被赋值之前它的值是不可知的。一旦逻辑成员被赋值那么它的值将不会发生改变。

(4)使用逻辑成员来表示 Agent 信念集的查询结果。Agent 的信念集定义了 Agent 的一组信念。软件开发人员可以使用逻辑成员这一数据结构来统一地存储 Agent 信念的查询结果。一旦查询成功,逻辑成员就包含查询的结果值。

4. Agent 的组成

JAL 将 Agent 视为是一个具有 BDI 认知结构,能够对事件作出反应式处理的智能行为实体。因此 JAL 中的 Agent 混合了 BDI 和反应式两种体系结构。

根据 Agent 的 BDI 和反应式体系结构 JAL Agent 具有一组数据来表示当前的世界状态,即信念能感知系统中发生的事件并拥有一组希望实现的目标即期望,为了实现其目标以及对系统事件作出响应和处理它还应具有一组规划,并能根据其信念,感知到的事件以及期望选择合适的规划来执行即意图。因此 JAL 中的 Agent 既能展示某些目标制导的自主行为也能表现出事件驱动的反应式行为。

当一个软件 Agent 被实例化生成之后它将处于等待状态直至它产生新的期望或者感知到系统中发生的事件。在此情况下软件 Agent 将确定该采用什么样的动作来实现其期望或者对事件作出响应。如果它根据其信念发现期望已经实现或者事件已经得到了处理那么它将不会采取任何行动。否则,它将从其规划集合中寻找适合于实现其期望或者对事件作出响应和处理的规划来执行。

第六节　模型驱动软件开发

近年来，软件工程领域的方法和技术层出不穷，如COBRA，EJB/J2EE，CL/.Net，XML/SOAP，SOA等。这些方法和技术通常是异构的，所依赖的平台也不尽相同。与此同时软件系统的规模和复杂度与日俱增，应用需求在不断快速地改变。在此背景下，复杂软件系统的开发面临着两方面关键问题的解决。首先，当业务需求发生变化时如何关注于变化了的业务需求并根据所选择的技术和平台尽快生成相应的软件系统。其次，当实现系统的方法，技术和平台发生变化时，如从C＋＋转EJB/J2EE，如何根据系统的业务需求模型快速生成基于新方法，新技术和新平台的软件系统。由对象管理组织OMG(Object Management Group)提出倡导的模型驱动体系结构MDA(Model Driven Architecture)方法通过将业务需求与实现业务需求的技术相分离，可以有效地促进上述问题的解决。

MDA是一种软件开发方法该方法强调将软件系统的功能规约与实现这些功能的技术和平台相分离并与OMG所推出的各种技术标准相融合。为了达到这一目的MDA将软件系统的模型分为两类，一类是平台无关的模型PIM(Platform Independent Model)，另一类是平台相关的模型PSM(Platform Specific Model)。这里所指的平台是指一系列子系统和技术的集合，它们通过各种特定的接口和使用模式为应用系统的开发和运行提供一组相关的功能，如J2EE，COBRA，Visual Studio C＋＋，Net/C等。平台无关的模型描述了待开发软件系统的功能和行为需求，但它不涉及如何基于某些特定的技术在具体的平台上实现这些功能和行为需求。平台相关的模型包含了平台无关模型所定义的系统功能和行为，并在此基础上添加了与特定的技术和平台相关的设计因素。

软件开发实际上是在不同抽象层次上建立软件系统模型的

过程。在MDA中模型是指对所构建软件系统的功能,行为和结构的形式化表示。所谓形式化是指用于描述模型的语言必须具有良定义的语法和语义。MDA通常将UML作为模型描述语言。软件开发过程所产生的,不同抽象层次的系统模型是相互关联的。为了指导软件系统的开发,MDA强调必须定义不同模型之间的关系并以此为基础定义一组与应用无关的转换规则实现从平台无关模型到平台相关模型的转换。所谓模型驱动是指将模型作为一种主要的方式和手段来指导对软件系统的理解,规约,分析,设计,实现,部署和维护。

MDA方法实际上是OMG所提出的OMA(Object Management Architecture)技术的演化,它们都想解决软件系统的集成和互操作问题,并试图将这一问题的解决贯穿于软件系统的整个生命周期,包括建模,分析,设计,构造,组装,集成,发布,管理和演化。MDA的上述思想体现了OMG关于软件系统开发的四个基本原则,其定义的系统模型是理解和开发软件系统的基础。软件系统的开发是一个建立软件系统模型,实现不同系统模型之间相互转换的过程。

元模型是描述和分析系统模型的形式化基础,它有助于促进系统模型之间的集成和转换,是通过工具实现软件开发自动化的基础。接受和采纳基于模型的软件开发方法需要工业界的技术标准从而为用户提供开放性,促进开发商之间的竞争。

为了支持上述原则,MDA试图与现有的各种软件开发技术标准,包括OMG所推出的各种技术标准相集成。UML是OMG推出的面向对象建模语言,它基于对象技术提供了一组元概念和可视化的模型,对不同视点如结构视点和行为视点等,不同抽象层次的系统模型进行建模。MOF不仅提供了模型的标准化仓库,而且定义了相应的结构来支持不同软件,开发小组能够针对这些模型一起开展工作。CWM为数据存储集成提供了工业标准,可用于表示各种数据模型模式转换,OLAP和数据挖掘模型等。

不管要开发的目标系统是基于Web Service还是EJB或者

其他的构件技术和平台，基于 MDA 的软件开发首先要建立平台无关的模型用于描述软件系统的业务功能和逻辑，并用 UML 等建模语言来表示平台无关模型。在此基础上，软件开发人员可以把平台无关的模型转换为针对特定平台如 Web Service，EJB，.Net 等的模型。模型的转换可由工具来自动或者半自动地完成。MDA 的核心是要将商业逻辑和实现技术相分离从而来支持软件系统的可移植性，可互操作性，可维护性和可重用性。

作为一种新的软件开发方法，MDA 能有效促进软件系统的开发和部署，并具有以下几个方面的技术优势。第一是保护用户的业务模型，MDA 主张用与技术无关的方法来表示用户的业务需求和逻辑，并建立模型确保当技术发生变化时无须对用户的业务需求和逻辑重新进行分析和建模。第二是提高软件系统的可移植性，当创建好软件系统的平台无关模型之后，软件开发人员可以通过模型映射规则很方便地建立起相应的平台相关模型，从而确保软件系统可以便捷地从一个平台移植到另一个平台。第三是确保软件系统跨平台的互操作性，除了可以将系统的平台相关模型转化为不同的实现之外，MDA 方法也允许使用特殊的模型映射规则将平台无关模型转化为异构的平台相关模型，在该异构平台相关模型中，最终的软件系统是由来自多个平台的组件构建而成的。第四是提高了软件开发效率，MDA 是一种高效的软件开发方法，它能够以更少的人力来完成原先相同的工作量。第五是提高软件系统的质量，MDA 使用单一的模型来生成和导出系统的大部分代码从而可以降低人为错误的发生。此外 MDA 方法还可以有效地降低软件开发成本，缩短开发周期并促进对新技术的接受和包容。

第七节 小 结

20 世纪后期发展起来的 Internet 网络为人们提供了一个资源众多的计算平台。如何在 Internet 上不断整合资源，使得资源有效地为使用者服务是软件研究的热点。这也给软件的发展提出了新的问题,需要采用新的方法和技术。

Internet 及其上应用的快速发展与普及,使计算机软件所面临的环境开始从静态封闭逐步走向开放,动态和多变。软件系统为了适应这样一种发展趋势,将会逐步呈现出柔性,多目标,连续反应式的网构软件系统的形态。面对这种新型的软件形态,传统的软件理论,方法,技术和平台面临着一系列挑战。Internet 的发展将使系统软件和支撑平台的研究重点开始从操作系统等转向新型中间件平台,而网络软件的理论,方法和技术的突破必将导致在建立新型中间件平台创新技术方面的突破。

今后的软件开发将是以面向对象技术为基础(指用它开发系统软件和软件开发环境),可视化开发,ICASE 和软件组件连接三种方式并驾齐驱。软件是计算机系统中与硬件相互依存的另一部分,它包括程序,相关数据及其说明文档。其中程序是按照事先设计的功能和性能要求执行的指令序列;数据是程序能正常操纵信息的数据结构;文档是与程序开发维护和使用有关的各种图文资料。本部分分别从客户/服务器软件工程,构件接口技术和软件复用三个部分进行阐述,大大提高软件开发的效率,提高软件的质量和效率,进而在竞争中处于领先地位,同时这种变革对我国软件产业的发展是一个很好的机遇。

参考文献

[1]郑人杰.软件工程[M].北京:清华大学出版社,1999.

[2]PennyGrubb,ArmstrongATakang.软件维护概念与实践[M].北京:电子工业出版社,2004.

[3]马丁(Martin,J.),麦克克劳埃(McClure,C.).软件维护[M].北京:机械工业出版社,1990.

[4]张琦,吴建华.软件维护项目管理方法[J].中国金融电脑,2010(8):53—56.

[5]周观民.软件维护及其策略的实现[J].科技资讯,2005(27):92—93.

[6]黄国楠.浅谈软件维护[J].科技资讯,2005(24):68—69.

[7]杨芙清.软件工程技术发展思索[J].软件学报,2005,16(1):4—10.

[8]斯蒂夫·迈克康奈尔(SteveMcConnell).快速软件开发[M].北京:电子工业出版社,2002.

[9][R.S.普雷斯曼]RogerS.Pressman.软件工程实践者的研究方法[M].北京:机械工业出版社,1999.

[10]王超,陈力军,赵洪兵,等.一个软件再工程的实例分析[J].计算机工程与应用,2001,37(15):101—104.

[11]郭耀,袁望洪,陈向葵,等.再工程——概念及框架[J].计算机科学,1999,26(5):78—83.

[12]谷耀.软件再工程及其应用[J].信息系统工程,1994(1):50—53.

[13]袁望洪,陈向葵,谢涛,等.逆向工程研究与发展[J].计

算机科学,1999,26(5):71—77.

[14]张效祥.计算机科学技术百科全书[M].北京:清华大学出版社,1998.

[15]梅宏,刘譞哲.互联网时代的软件技术:现状与趋势[J].科学通报,2010(13):1214—1220.

[16]杨小平.目前软件工程技术在网络时代背景下的发展探讨[J].读天下,2017(2).

[17]王立福,等.软件工程[M].北京:北京大学出版社,1997.

[18]周明天,汪文勇.TCP/IP 网络原理与技术[M].北京:清华大学出版社,1993.

[19]吴大刚,肖荣荣.C/S 结构与 B/S 结构的信息系统的比较分析[J].情报科学,2003,21(3):89—91.

[20]陈会安.ASP 与 IIS 网站架设彻底研究[M].北京:中国青年出版社,2001(5).

[21]托马斯·埃尔(Thomas Erl).服务和微服务分析及设计(原书第 2 版)[M].北京:机械工业出版社,2017.

[22]张效祥.计算机科学技术百科全书[M].北京:清华大学出版社,1998.

[23]刘琳.计算机软件工程管理与应用分析[J].软件,2014,35(2):141.

[24]廖昕,陈松乔,孙莹.可复用构件组装技术研究[J].计算技术与自动化,2004,23(3):50—52.

[25]常继传,郭立峰,马黎.可复用软件构件的表示和检索[J].计算机科学,1999(5):45—49.

[26]杨芙清,邵维忠,梅宏.面向对象的 CASE 环境青岛Ⅱ型系统的设计与实现[J].中国科学(A 辑数学物理学天文学技术科学),1995(5):533—542.

[27]费玉奎,王志坚.构件技术发展综述[J].河海大学学报(自然科学版),2004,32(6):696—699.

[28]陈海林,潘孝铭.软件构件技术研究[J].福建电脑,

2006(8):41－42.

[29]汤庸.数据库理论及应用基础[M].北京:清华大学出版社,2004.

[30]王忠杰,徐晓飞,战德臣.面向重构建模效率的构件组织方法[J].计算机工程与应用,2005,41(21):14－17.

[31]周华,李少云,段清,等.采用形式化技术的软件再工程[J].计算机工程与应用,2003,39(3):84－86.

[32]金淳兆,余江,全炳哲.软件重用技术[J].计算机科学.1989,16(5):8－13.

[33]郑明春,张家重,王岩冰.关于软件复用[J].计算机科学,1994(4):68－71.

[34]张继旺.大数据技术在“互联网＋”时代的运用与探讨[J].电子技术与软件工程,2017(13):157.

[35]郑人杰,彭春龙.计算机辅助软件工程[M].北京:清华大学出版社,1994.

[36]王立福,等.软件工程[M].北京:北京大学出版社,1997.